顺义区家长教育系列丛书

教子有方

中国传统家风家训教育读本

北京市顺义区社区教育中心 编著

图书在版编目（C I P）数据

教子有方．中国传统家风家训教育读本 / 北京市顺义区社区教育中心编著．-- 北京 ： 华文出版社，2017.9（2023.6重印）
（顺义区家长教育系列丛书）
ISBN 978-7-5075-4735-1

Ⅰ．①教… Ⅱ．①北… Ⅲ．①家庭道德－中国
Ⅳ．①G78②B823.1

中国版本图书馆CIP数据核字(2017)第178801号

教子有方：中国传统家风家训教育读本

编　　著： 北京市顺义区社区教育中心
责任编辑： 刘超平　邹镇明
出版发行： 华文出版社
社　　址： 北京市西城区广外大街305号8区2号楼
邮政编码： 100055
网　　址： http://www.hwcbs.cn
投稿信箱： hwcbs@126.com
电　　话： 总编室 010-58336239　责任编辑010-58336222
发行部 010-58336202
经　　销： 新华书店
印　　刷： 永清县晔盛亚胶印有限公司
开　　本： 710mm×1000mm　1/16
印　　张： 10
字　　数： 140千
版　　次： 2017年9月第1版
印　　次： 2023年6月第2次印刷
标准书号： ISBN 978-7-5075-4735-1
定　　价： 48.00元

版权所有，侵权必究

编委会成员

主　　编　刘克祥

副 主 编　张军堂　李建军

编写组成员　李　银　李长海　田　杰　栗　树　秦　蓁

前言

中国是有着五千多年历史的文明古国，一直很重视家庭教育。“人必有家，家必有训”，传统家训是随着家庭的产生而出现的一种教育形式。从古到今，家训不仅是家庭或家族对子孙后辈的训示，更是教育子孙后辈的家庭教育读物。家训在中国古代家庭教育中有着很重要的作用，并形成了一种“家训文化”现象，好的家训必定会促成好的家风。

习近平总书记在2015年春节团拜会上对于家风家训建设做出了一系列的论述，他指出，中华民族自古以来就重视家庭、重视亲情。家和万事兴、天伦之乐、尊老爱幼、贤妻良母、相夫教子、勤俭持家等，都体现了中国人的这种观念。他还强调：“不论时代发生多大变化，不论生活格局发生多大变化，我们都要重视家庭建设，注重家庭、注重家教、注重家风。”

2016年12月12日，习近平总书记在会见第一届全国文明家庭代表时讲话说道：“希望大家注重家风。家风是社会风气的重要组成部分。家庭不只是人们身体的住处，更是人们心灵的归宿。家风好，就能家道兴盛、和顺美满；家风差，难免殃及子孙、贻害社会。”

《教子有方：中国传统家风家训教育读本》一书共有八章，分别从仁者爱人，事亲以敬；诚实知报，择良为友；家国情怀，心系天下；勤学好问，志在千里；修身养性，谨言慎行；不骄不躁，淡泊名利；知礼明理，通晓大义；吃苦耐劳，兴起善心八个方面展开叙述。每篇文章均从家训入手，紧接着介绍名人相应的家庭教育事迹。此外，我们总结了古人的智慧，便于大家汲取家风家训中值得学习的精神财富。

国无德不兴，人无德不立，家无训不昌。良好的家风家训是家庭昌盛的命脉，更是国家富强的基石。古人在家风训导方面，留下了谆谆教诲。如孔子的“不学《礼》，无以立”（《论语•季氏篇第十六》），颜之推的“君子必慎交游焉”（《颜氏家训·慕贤》），苏洵的“入则孝顺父母，出则和睦乡邻”（《安乐铭》），袁采的“言忠信，行笃敬”（《袁氏世范·处己》），林则徐的“苟利国家生死以，岂因祸福避趋之”(《赴戍登程口占示家人》)，曾国藩的“明德、新民、止至善”(《曾国藩家书》），等等。这些著名人物不仅为其后人树立了正确的人生观、价值观，端正了自己家庭的家风，对弘扬民族文化、提升道德修养也有着不可忽视的作用。家庭教育会随着时代的变迁而变化，但是无论社会发展成什么样，诚实、勤奋、立志等观念会被永远传承下去，这是我们安身立命的根本。家训是一个家庭或家族的先人为子孙后代留下的训示，而家风是靠全体家庭成员身体力行，将家训付诸行动形成的一种家庭风尚。一个词，一句话，一个家里的故事，一段家庭的记忆，都是家风的载体。

家风家训是具有一定传承性的，它能够影响好几代人。所以，家长想要进行家庭教育，一定要建立良好的家风家训。深入汲取中国传统家风家训思想之精华、道德之精髓，有助于促进良好家风的形成。家是最小的国，国是最大的家，家国本一体。我们要爱国爱家，就要传承家风，以家风家训为动力，激发正能量，促进社会主义核心价值观的践行，推动中华民族早日实现“中国梦”。

本书以浅显易懂的文字介绍了家风家训，提炼了其中的智慧要点，方便各位家长阅读。本书意在帮助家长汲取传统家风家训的教子理念，并将其运用到自己的家庭教育当中，使每个孩子都能受到良好的家庭教育，每个家庭都形成良好的家风。

最后，由于编者水平有限，书中难免有疏漏之处，敬请专家、读者批评指正。

目录

第一章　仁者爱人，事亲以敬

“百善孝为先”，中华文明五千年，孝道一直贯穿其中。孝顺表现在生活点滴当中，儒家很重视家庭伦理，强调以孝道规范家庭。新时代中，孝道依旧很重要。一个人有了孝心，就有了仁爱之心，才会用心做事，心怀感恩，与人交往诚信无欺。

第二章　诚实知报，择良为友

人无诚信不能立足，很多时候一个人是否讲诚信跟家庭有很大的关系。诚信的家庭培养出的孩子也是诚信之人，能更好地和他人相处。同时，我们生活在社会中，难免要和他人交流、沟通，这就面临择友问题。孩子也许会择友不佳，家长要及时引导，让孩子多结交益友，帮助孩子健康成长。

第三章 家国情怀，心系天下

家是国的基础，国是家的延伸。国家和家庭，个人和社会是密不可分的整体。家庭和国家是同呼吸、共命运的，只有家庭好，国家才能好。想要让每个人都心系国家，这需要好的家风、家训。只有这样，家国情怀才能流淌在每个中国人的精神血液中。

第四章 勤学好问，志在千里

“读书百遍，其义自见”“一人立志，万夫莫敌”，从这些话语中我们不难看出，一个人只有勤学好问，心中有志，才可能成就一番大事业。古人很重视孩子的品行培养，他们会为孩子写下家训、家规等，希望孩子能树立远大志向，并通过勤奋学习去实现它。

第五章 修身养性，谨言慎行

不少家训中都提到了个人的修身养性，它是一个人一生的功课。古人很注重对子女品行的培养，如有勇能忍、不搬弄是非、谨言慎行等。这些品行并非与生俱来，而是需要后天不断地培养、历练的。家长在平时要多注意细节，注重从各方面提升孩子的修养。

第六章　不骄不躁，淡泊名利

现在的社会充满功利、名誉之争，面对这些诱惑的时候，要冷静、淡泊明志，让自己从容应对。郭阶三的家训中提到“勿争利，勿争功，勿争名，勿争气”，诸葛亮家训提到“非淡泊无以明志，非宁静无以致远”。从这些家训中，我们可以看出古人很重视淡泊品行的培养，这对现代家庭教育有很好的借鉴意义。

第七章　知礼明理，通晓大义

“不学《礼》，无以立”“不可恃父兄显贵而仗势欺人”……这些朗朗上口的家训，无不说明了做人应知礼仪、明事理。当代家长过分宠爱孩子，这让孩子们心中没有知礼仪、明事理的概念，他们只知道跟着自己的想法走。这样的孩子走进社会终会吃亏。因此，家长应从现在开始，树立良好家风，培养孩子成为一个知礼仪、明事理的人。

第八章　吃苦耐劳，兴起善心

吃苦耐劳是古人非常重视的道德品质，古人认为一个能吃苦耐劳的人，在劳动过程中能培养善心，爱劳动的人能远离犯罪。然而，如今不少孩子身上已很难找到这一品质了，这同家庭教育有很大的关系。敬姜认为，无论什么样的人家，都应该勤苦劳作，并从劳作中培养自己的善心；张之洞也要求儿子不要因生于富贵之家而不从事劳作；霍韬的家训就是让孩子从小进行农耕，培养吃苦耐劳的品质。古人的这些家训，无不为现代家庭教育敲响警钟，培养孩子吃苦耐劳的品质刻不容缓。

第一章　仁者爱人，事亲以敬

“百善孝为先”，中华文明五千年，孝道一直贯穿其中。孝顺表现在生活点滴当中，儒家很重视家庭伦理，强调以孝道规范家庭。新时代中，孝道依旧很重要。一个人有了孝心，就有了仁爱之心，才会用心做事，心怀感恩，与人交往诚信无欺。

姚信：古人行善者，以为己度

古人行善者：非名之务，非人之为；心自甘之，以为己度。

——姚信《诫子》

点评 人行善，并非谋求任何好处，从其本心来讲，行善只是履行自己做人的本分。

姚信，字德佑，浙江湖州人。孙权即位时，姚信作为太子孙和的官属，后太子被废，他同太子一起被流放。当孙和之子孙皓即位后，姚信被召回，任职太常卿。他对子女的教育十分重视，尤其重视培养孩子的善心。

在姚信给儿子写的《诫子》中就很好地体现了他的这一观点。

古人行善者：非名之务，非人之为；心自甘之，以为己度；阨易不亏，始终如一；进合神契，退同人道。故神明佑之，众人尊之，而声名自显，荣禄自至，其势然也。

又有内折外同，吐实怀诈；见贤而暂自新，退居则纵所欲；闻誉则惊自饰，见尤则弃善端。凡失名位，恒多怨而害善。怨一人则众人疾之，害一善则众人怨之。虽欲陷人而进己，不可得也，衹所以自毁耳。顾真伪不可掩，褒贬不可妄。舍伪从善，遗己察人，可以通矣；舍己就人，去否适泰，可以弘矣。

贵贱无常，唯人所速。苟善，则匹夫之子可至王公；苟不善，则王公之子反为凡庶。可不勉哉！

译文：古人之所以行善，并不是为了好名声，更不是为了迎合别人。他们的善行是发自内心的，他们认为这是自己的本分之事。因此，无论他们身处困厄或通达，都不会减损自己的德行，都始终如一。向前能合乎神意，退后也能合乎人道。所以，神明保佑他，众人尊敬他，他的名声会彰显，荣誉利禄会蜂拥而至，这是必然的。

有一些人表面迎合世俗，心中藏有心机；谈吐看似仁厚，其实心中怀有狡诈。遇见贤人就短暂地改正错误，回家就纵情释放欲望。听到别人对他的赞美，就装作惊讶，而且更加矫揉造作；听到他人的责备后，他就立刻抛弃刚萌生的善念。一旦失去了名利地位，总会满怀抱怨地去害人。然而他责怪一个人，众人会厌恶他；他陷害一个人，众人也会怨恨他。即使他想通过陷害别人，来谋求自己的晋升，也是不可能的，只会败坏自己的名声。真假是无法掩饰的，褒贬是不能肆意扭曲的。一个人如果能舍弃虚伪，遵守善道，抛弃主观臆断，多看他人长处，就能通达，不被人蒙蔽；如果能去除私心，多为他人着想，就能远离滞碍凶邪，通往安泰吉祥，就会变得恢宏广大了。

地位的高低，并不是永恒不变的，而是由自己招致的。如果行善，即便你是平民的儿子，也可以变成王公；如果不行善，即便你是王公的儿子，其地位也可能降为平民。人们怎么能不勉励自己行善呢？

从姚信的《诫子》中可以看出，他列举了行善的本意及行善与不行善的结果。通过这样的家训，他希望儿子能够行善，做一个善良之人。对待他人仁慈，才是做人的根本。为人善，会有善果；为人恶，会有恶果。这样的教育观点对于现代的家庭教育也有一定的参考价值。

让孩子明白行善的本意

友善是人类社会的基本理念，是一种人道主义精神，是人格的标志，只有友善才能让人与人相处得更为融洽。与人友善并不需要任何回报，这是人性最深处的仁义道德之举。

姚信在《诫子》中提到："古人行善者：非名之务，非人之为；心自甘之，以为己度；阨易不亏，始终如一。"姚信认为，行善是从内心发出的、不图任何回报的行为。他这样教育自己的儿子，希望儿子能做一个友善之人。

家长平时要鼓励孩子多做善事，让孩子明白做善事是自己的本分之事。如果遇到老人行动不便，家长可以教育孩子上前搀扶老人；看到需要帮助的人，主动上前帮忙；等等。生活中有很多弱者，他们需要更多的关心和帮助。或许孩子会问你为什么要这样做，你可以告诉他，这是一个人应尽的义务和责任，就如同大自然给予你新鲜的空气、清水等，而大自然并没有向你索取什么，我们要将这种善行延续。

教育孩子说善言、行善事

人之初，性本善。善良是人性中最美的光环，人拥有仁慈善良之心，才有了做人、做事的原则。相传尧帝南巡，看到耕田劳作的善卷先生，他手中扬着牛鞭，但始终没有鞭打黄牛，尧帝很纳闷。于是，尧帝上前问道："你怎么一直扬着牛鞭，不动手呢？"善卷说道："我扬鞭只是为了帮助黄牛驱赶蚊蝇。"尧帝十分感动，想要拜眼前这个大善大德之人为师，将天下让给他。善卷谢过，推辞了他的好意，隐居到深山去了。

善言、善行如同轻柔的春风，一句温馨的话，一次援手，对我们而言并不难。家长教育孩子在公交车上要将座位让给老人、弱者；看到路边有垃圾时，主动将垃圾捡起来扔到垃圾桶中；吃饭时，能够文明就餐；过马路时，要遵守交通规则；等等。

在生活中，家长要从小事入手教育孩子说善言、行善事，看似小的事情却折射出人性。善良是永远的美德，小小的善举会令社会更加美好、和谐。

要培养孩子的善良之心

善良之心是培养良好行为的肥沃土壤。现在很多家长都重视孩子的身体、智力发展，对于孩子的乐于助人等行为关心甚少。我国很多地方的中小学，常曝出校园欺凌的新闻，严重的甚至有凶杀案发生。这些事件给家长们传递出这样的信号：善良教育太过缺失。这些事情之所以发生，很大一部分原因在于孩子缺乏爱心、同情心、宽容之心等，而罪魁祸首是社会、成人向孩子输送了一些不良信息，如电视剧中的尔虞我诈、现实生活中人与人之间的冷漠等。

姚信认为："顾真伪不可掩，褒贬不可妄。舍伪从善，遗己察人，可以通矣；舍己就人，去否适泰，可以弘矣。"摒弃了虚伪，多看别人的长处，就是善的开始。要多为他人着想，因为只有这样做，才能让自己更加强大。

善良是一个人应具备的基本品质，一个善良的人，眼中看到的是和谐、美好，心中充满的是爱、平和、宽容。心怀爱心、善心、同情心，才能成为一个睿智的人。平时，家长要引导孩子同情并帮助需要帮助的人。同时，家长要身体力行，教会孩子关心他人、同情弱者、礼貌待人等。

王阳明：心地好，是良士

心地好，是良士。

——王阳明《赣州诗》

点评　心地好的人，才是善良的人。他希望儿子能够做一个好人，成为“良士”。

王守仁，字伯安，别号阳明，浙江绍兴府姚县人。他是明代思想家、文学家，1499 年考中进士，历任刑部主事、贵州龙场驿丞、庐陵知县等职务，晚年官至南京兵部尚书、都察院左都御史。

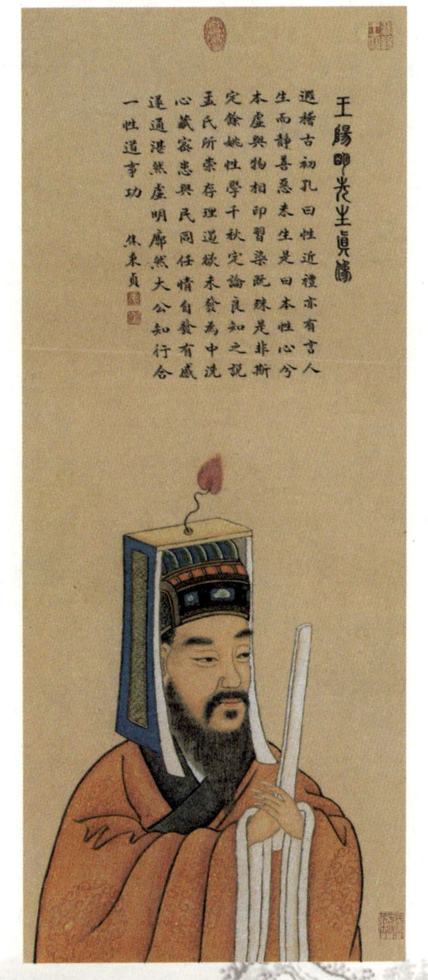

王阳明很重视对孩子的教育，尤其重视培养孩子的德行。1515 年，王阳明已经 44 岁，但是王阳明以及弟弟守俭、守文、守章都没有儿子，所以父亲王华选择将其侄子王守信的第五个儿子正宪过继给王阳明作为嗣子，当年正宪 8 岁。

1516 年 9 月，经兵部尚书王

琼举荐，王阳明任都察院左佥都御史，负责赣、汀、漳等处的军务。1518年，王阳明在赣州巡抚衙门接待了来看望自己的叔父王德声，虽然两人辈分不同，但是年龄却不相上下。

叔父在巡抚衙里住了三个多月，当他准备回余姚时，王阳明想到家中的正宪才11岁，正是需要调教的年龄，不如给儿子带去一纸家训。于是，他写了这首《示宪儿》，希望儿子正宪能读书学礼，从心开始，同德牵手，成为一个“良士”。

幼儿曹，听教诲；勤读书，要孝悌；学谦恭，循礼仪；节饮食，戒游戏；毋说谎，毋贪利；毋任情，毋斗气；毋责人，但自治。能下人，是有志；能容人，是大器。凡做人，在心地；心地好，是良士；心地恶，是凶类。譬树果，心是蒂；蒂若坏，果必坠。吾教汝，全在是。汝谛听，勿轻弃。

译文：孩子，你要听从教诲，勤奋读书，孝顺父母，友爱兄弟；要学习谦恭待人，一切都要遵守礼仪；节俭饮食，少玩游戏；不要说谎，不要贪利益。不要任性，不要和人斗气；不要责怪别人，只要管住自己。能够放低自己的身份，这是有志气的表现；能够宽容别人，这是有度量的表现。凡是做人，主要在于心地好坏。心地好，就是善良的人；心地坏，势必是凶狠的人。如树上的果子，最重要是它的蒂；如果蒂先坏了，果子一定会坠落。我想教导你的话，全在这里了。希望你能听进去，不要放松对自己的要求。

从王阳明写给儿子的家训中，我们能看出他希望儿子能够做一个心地善良的人。他从德行上教育孩子，认为一个德行不好的人，无论才华如何出众，带给社会的终将是灾祸，最终还会祸害自己。其实，家庭教育不应只为子孙考虑，还应兼顾整个社会、国家利益。在现代社会，不少家长想要让自己的孩子出人头地，所以更重视孩子的学习，而忽视了对孩子的德行教育，这是一种错误的观念。

重孝悌，是一个家族的传承

习近平在2015年的春节团拜会上的讲话中指出："中华民族自古以来重视家庭、重视亲情。家和万事兴、天伦之乐、尊老爱幼、贤妻良母、相夫教子、勤俭持家等，都体现了中国人的这种观念。……我们都要重视家庭建设，注重家庭、注重家教、注重家风，紧密结合培育和弘扬社会主义核心价值观，发扬光大中华民族传统家庭美德，促进家庭和睦，促进亲人相亲相爱，促进下一代健康成长，让老年人老有所养。"家庭教育的根本是什么呢？是教育孩子学会做人。《弟子规》开篇第一件事就是教人重孝，古人为什么如此重视孝？因为它是家庭和谐、社会安定的根本。

孩子从家长那里获得生命，一个人如果不孝顺父母，就失去了做人的根和本。正所谓"夫孝，天之经也，地之义也"，孝敬父母是天经地义的事。想要让孩子孝顺父母，家长自己也要做到孝顺，为孩子做好榜样。比如，家长可以带着孩子、爱人常回家看看，经常和父母保持联系，主动为父母做力所能及的事，等等。孝敬父母不仅要满足他们的物质要求，更重要的是要和颜悦色地和父母说话，或许一时和颜悦色地和父母说话并不难，难的是一辈子和颜悦色地和父母说话。家长要从心底明白这个道理，为孩子做好榜样，让孩子成为和自己一样的懂得孝顺、懂得感恩的人。

孝悌一旦形成，就会在一个家族中不断传承下去。只有将孝悌家风一代代传下去，这个家族才能更加兴旺。孔子和范仲淹的家族成百上千年兴盛不衰，其实跟孝悌的传承有很大的关系。

做人重在心正，教孩子做一个好人

做人的基本是从心出发，做一个好人，一定要心正。世间的真善美都是从心正开始，而邪恶都是从心不正开始。家庭教育如果缺少正心的教育，没有教孩子做一个好人，那孩子很难行得端、坐得正。道德的最高境界是慎独，就是即使没人知道，也要心正。

王明阳在《示宪儿》中提到："心地好，是良士；心地恶，是凶类。"他认为心肠好的人，势必是一个好人；心地凶恶的人，势必是一个恶人。从此可见，判断一个人是好人还是坏人，一定要看他的心。

生活中经常看到一些孩子学习优秀、乐于助人，受到很多人的称赞，这是因为他的家长心正意诚，为人谦逊，给孩子做了好的榜样。同样，"心不正乃至害命"，如早些年间的药家鑫杀人案。为什么一个学业优秀的大学生会沦为一个杀人犯呢？其根本原因就是心术不正，当他撞人之后，心中想到的不是救人，而是农村人难缠，因此无论对方如何哀求，他都无动于衷，最终狠心杀死了一个生命。正是他的家庭缺乏"诚其意，正其心"的教育，才让他成为一个恶人。可见，家长对孩子的心正教育是很重要的，家长要让孩子明事理，并且以身作则，才能让孩子更好地成长，做一个好人。

教孩子做一个宅心仁厚的人

古人云："海纳百川，有容乃大；壁立千仞，无欲则刚。"宽容、仁厚是最睿智的处世策略。心胸开阔的人，更加大度，可以拿得起，放得下。仁者能忍，有仁爱的人，也能宽容他人。

目前，独生子女的“以自我为中心”的意识比较严重，怎样才能培养出孩子的仁爱之心呢？家长要让孩子多和同龄人接触，在交往中，要让孩子发现其他人的长处，并向其学习，做到取长补短。当孩子与他人发生矛盾时，家长可以适当给孩子一些安抚，更重要的是，家长要帮助孩子理性分析问题，让孩子明辨是非，更好地解决问题。家长要及时让孩子反思，对自己的过失做出检讨，防止下次再犯同类错误。同时，家长要告诉孩子，朋友之间要以诚相待，原谅他人的过错，才能增进两人之间的感情。此外，家长要以身作则，遇事宽宏大量，不计较得失，以此熏染孩子。

宽容是一种美德，让孩子宽容待人，才能让孩子的心灵更加纯洁。在宽容的世界中，人和人之间的相处会更和谐。

苏洵：入则孝顺父母，出则和睦乡邻

入则孝顺父母，出则和睦乡邻。

——苏洵《安乐铭》

点评 在家要孝顺父母，在外要与乡邻和睦相处。

苏洵，字明允，自号老泉，四川眉州眉山人，北宋文学家。1027年，19岁的苏洵同18岁的程家小姐结婚。苏洵家境贫困，而程家非常富有，两人并不算门当户对。但是程家小姐并没有嫌弃苏家贫困，她对公公婆婆很孝顺，对苏洵也非常好。年轻的苏洵喜欢四处游荡，不喜欢读书。程夫人担心丈夫一辈子碌碌无为，心中沉闷。时间长了，苏洵觉察出妻子的情绪，明白了妻子的担忧。一天，他对妻子说道：“我觉得读书很好，但是如果我要读书，就会影响一家人的生活，我也不知道如何是好。”程夫人听了丈夫的话后，说

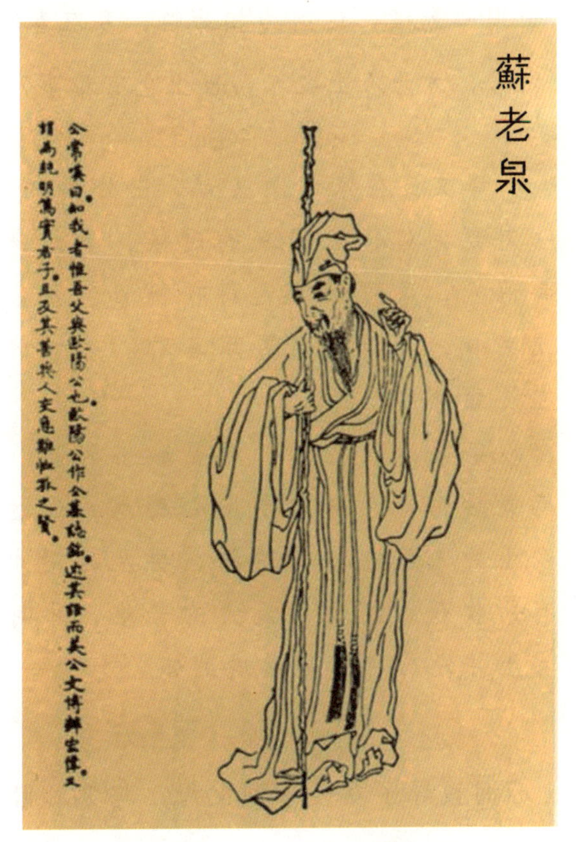

道："你放心读书吧，家里的生活都交给我。"

从那以后，程夫人将自己的陪嫁全部变卖了做本钱，经营起一家丝帛店。这家店的生意不错，苏家家境也逐渐好转起来，程夫人看到家中有富余钱财，又担心财富会令子孙不思进取。于是，她将财物拿出来救助族人、亲戚，乡亲遇到困难时，她也会伸出援手。

其实，不仅程夫人有这样的想法，苏洵给儿子们写的家训中也提到了这个理念：

> 入则孝顺父母，出则和睦乡邻。长上有问必答，在座定要抬身。不可虚言戏谑，不可斜侧骄矜。莫呼长上表号，开口就要尊称。饮食先让长者，行路当随后行。
>
> 趁着年青才壮，不可虚度光阴。莫待老来衰败，吁嗟怨悔伤情。文士用心勤读，达则为相为卿。乡农春耕夏种，及时灌溉收成。受得苦中之苦，方为人上之人。世上岂有难事？都缘人不专心。

译文：在家孝顺父母，出外要和乡邻友好相处。长辈询问时，一定要回答，长辈来的时候，要起身表示礼貌。不可以用假话戏弄他人，不可对他人斜视侧目、骄蛮专横。不能直呼长辈的名字或字号，开口讲话要用尊称。吃饭时要让长辈先用，走路时应走在长辈身后。

年轻力壮之时，更要珍惜时间。不要等到年老衰败时，再来感慨后悔。读书人要用心勤恳，通达之后才能成为宰相、公卿。乡下的人们在春夏耕种，要及时用水浇灌庄稼，精心呵护，才能有所收获。经受了最大的苦难，才可能成为地位最高的人。这世界上并没有特别难做成的事，只看一个人是否能专心去做。

苏洵教导子女要孝顺父母，与人和睦相处。从苏洵妻子的为人处世，我们不难看出她身上也具备这些特点。苏洵的家训对现代的家庭教育有很

大的影响，家长可以从这则家训中，寻找适合自己的教育方法，让孩子变得更加优秀。

孝顺父母是做人的根本

中华民族自古崇尚孝顺父母，这是做人的基本道德。父母给予了孩子生命，养育孩子长大，如果孩子不懂得回报，就是丧失了良心，他的道德势必低下。感恩父母、孝敬父母是中华民族的传统美德，而父母对子女的恩与情，是无私的、伟大的。

有这样一句话，天下最不能等待的事情莫过于孝敬父母。孩子慢慢长大，父母渐渐变老，他们需要子女的孝顺，而这种孝顺更多的是表现在精神的慰藉。用心孝顺父母，是每个人都应做的事，其实也很容易做到。

孝顺父母是做人的根本，孝顺并非只是在心中想一想、口中说一说，而是要付诸行动。在自己闲适的时候，多陪在父母的身边，陪着他们唠家常，让他们享受天伦之乐。很多时候，父母需要子女的关爱、理解，《常回家看看》这首歌之所以受到大家的喜爱，不仅是因为音乐旋律美，更多的是因为它道出了人间亲情的真谛。父母并不需要子女有多大的贡献，只希望一家人其乐融融。家长要将这一观念传递给孩子，让他们心系父母，从小养成孝顺品行，相信他们长大后一定会懂得感恩，能恪守孝道。

培养孩子孝顺父母，要从生活中的小事做起

有的孩子很自私，不懂得感恩。吃过饭后，他们就跑去看电视，留下满桌残渣让家长收拾。有的孩子只要家长稍让自己不顺心，就会跟家长大吵大闹。有时，他们做错事，家长数落他们几句，他们不但不反思自己，还会顶撞、指责家长。孩子之所以有这样的表现，在很大程度上是因为家长只重视对他们的文化教育，而忽略了对他们的孝心培养。

苏洵在家训中提到："长上有问必答，在座定要抬身。不可虚言戏谑，不可斜侧骄矜。莫呼长上表号，开口就要尊称。饮食先让长者，行路当随后行。"他认为孝顺父母一定要做到有问有答，吃饭的时候，让长辈先吃，走路的时候，跟在长辈身后，从这些家训中，我们可以看出尊敬长辈、孝顺长辈都融合在生活的细节当中。

教孩子孝顺父母，家长要从生活中的小事入手，如教给孩子在外出的时候要同父母道别，用餐的时候应让父母先入座，对待父母要谦逊，等等。家长还要适当让孩子感受到家长的辛苦，给孩子提供孝敬自己的机会。只有在孩子心中埋下爱的种子，才能让这颗种子在孩子心中生根发芽，他们学会了爱父母后，才会爱他人。此外，对于孩子表现出的不孝顺行为，家长要给予适当的批评。

以仁慈的心，对待身边的人

我们生活在一个大集体当中，与人和睦相处是一种社交能力，也是一种生活技能。很多时候，人们在与他人相处的时候，容易忘记他人的好处，当对方无意冒犯自己时，心中却会耿耿于怀。

"出则和睦乡邻"讲的就是与人相处应本着宽容之心。苏洵的妻子在生意发达之后，并没有目中无人，而是常向身边贫困之人伸出援手。从苏

洵夫妇的言行中，我们能看出他们都怀有仁慈之心。

“泛爱众”是指广泛地爱护众人、众物。家长要想教会孩子心存仁爱，首先要让孩子爱父母，当他真正懂得爱父母，就会将这种爱延伸开来。家长要告诉孩子，我们生活在集体当中，应当相互帮助、关爱。平时，家长可以带着孩子一起帮助他人，如在日常生活中为流浪汉、残疾者提供一些力所能及的帮助，还可以带着孩子去做义工，通过行善，培养孩子的仁慈之心。

陈确：敬于父母则孝顺

敬于父母则孝顺。

——陈确《书示仲儿》

点评 一个“敬”字，是人生修养中所必做的。只有将敬的态度渗透到生活的各个层面，才能成为彬彬君子。

陈确，字乾初，浙江海宁人，明末清初思想家。他很重视知行关系，认为后天学习、教育更重要。年少的时候，他以孝友著称，长大之后，精通文学、书法、琴、箫。明亡后，他的老师刘宗周绝食而亡，陈确隐居20年，足不出户，著有《大学辨》《葬书》等。此外，他还很重视对子孙的教育，写了很多的家书、家训。

在《书示仲儿》中，他提出了“敬”的理念。

> 敬于父母则孝顺，敬于夫妇则肃和，敬于兄弟则友爱，敬于朋友则利益，敬于僮婢则从令，敬于一切世俗则无辱，敬于言则不妄，敬于事则有成，敬于讲诵则有得，敬于作书临文则法日进。《记》曰：“无不敬。”尽之也。
>
> 能敬之人，时时见得自己不是；不敬之人，时时见得自己是。故《中庸》言君子，能戒惧而已也；其言小人，无忌惮而已也。汝欲为小人也？吾无所复责于汝。将为君子耶？可不于吾言加之意哉！其朝夕省之，毋忽！

译文：对父母的敬要求孝顺，夫妻间的敬要求和睦，兄弟间的敬要求友爱，朋友间的敬要求互惠互助，尊敬童仆、奴婢会令他们听从你，尊重一切风俗就不会受侮辱，对言辞敬畏就不会虚妄，对事情怀有敬畏之情就会取得成就，对所讲授诵读的东西敬畏就会有所得，恭敬地去作文练字则文采书法都将日渐精进。《礼记》中说："不要不怀敬意。"这道尽了"敬"的重要性。

能做到敬的人，能够时刻看到自己的过失；不尊敬他人的人，任何时刻看到的都是自己正确的一面。所以，《中庸》中所说的君子，只是能够时刻心存警惕、敬畏之心的人罢了；所说的小人，也只是没有任何顾忌之人。你想要成为小人吗？那我就没什么可以责备你的了。你想要成为德行高洁的君子吗？那就一定要记住我的话，早晚自省，不能有一丝疏忽！

在家训中，陈确对儿子讲的是"敬"的问题，他认为做人应对任何事物都存敬畏之心。只有将这种敬畏之心融入生活的各个层面，才能让自己成为一个品德高尚的人。陈确对儿子的教导，对现在的家庭教育也有借鉴意义。

尊敬父母才是孝顺

生活中，常有这样的这样的现象，子女打着孝顺的名义，强迫父母做很多事，如父母想要继续耕种，子女担心他们劳累，就将田地都承包给别人；子女软磨硬泡带着父母外出旅游，丝毫不在意长途的舟车劳顿；子女硬让父母穿皮鞋，结果母亲穿皮鞋崴了脚，父亲穿皮鞋脚磨出了泡……

其实，对父母孝顺，最主要的是要顺从他们的意思，尊重他们的意愿。在生活中，家长要告诫孩子不能和同长辈顶嘴，家长吩咐做的事情要积极处理、不要消极对待，等等。

对待任何事情都要怀有敬畏之心

敬畏，是人对事物的一种态度。这里的“敬”不仅包括了恭敬之意，更指做事要严肃认真，避免犯错；而“畏”不仅有担忧的成分，还有战兢之态。敬畏之心并非是指一个人畏惧困难不敢面对，而是指人要心存畏惧，正确、客观认识自己，做一个清醒、理智的人。当我们对生活中的一切都心存敬畏时，我们才会更加游刃有余，人生才会更加开朗。

陈确在《书示仲儿》中提到：“能敬之人，时时见得自己不是；不敬之人，时时见得自己是。”他认为具有敬畏之心的人，才能时刻反省自己的不足，而没有敬畏之心的人，只能看到自己的长处。他教导儿子要心怀敬畏，才能让自己成为一个品德高尚的人，成为人们心中的君子。

在我们现在的家庭教育当中，对孩子敬畏之心的培养缺失严重，导致出现了各种“问题孩子”。在一些生活条件优渥的家庭中，孩子认为自己有很多的优势，再加上家长没有对其进行敬畏教育，所以有些孩子认为自己可以连法律都不遵守，最终走上了违法犯罪的道路。家长想要让孩子踏实做人、做事，就要教育孩子对任何事情都怀有敬畏之心。

如何培养孩子的敬畏之心

对于现在的孩子，很多家长感到很难管教，其原因在于孩子心中根本没有敬畏之心。有敬畏之心的孩子，会遵守各种规章，尊敬长辈，做任何事情都会认真理性思考。

那么，在家庭中家长应该从哪些方面培养孩子的敬畏之心呢？培养孩子的敬畏之心，首先，要让孩子敬畏生命，让孩子明白生命是神圣的，每个人的生命都是可贵的。孩子明白了这个道理后，将来他们无论遇到什么事情，都不会做出伤害自己或他人的行为。其次，家长要教育孩子要敬畏大自然。相较于自然，人的力量是微薄的，只有顺从自然，我们才会得到自然的回馈。最后，教育孩子要敬畏父母。孩子的生命是父母给予的，所以孩子对父母要给予最大的尊敬。当然，孩子需要敬畏的还有很多，如敬畏法律，让孩子能从小遵守法律法规，避免违法受到惩罚；敬畏劳作，让孩子能纠正自己的浮躁、傲慢；等等。

只有培养孩子的敬畏之心，才能让孩子自律，才能让他自觉遵守相应的规章制度。那些没有敬畏之心的孩子，生活会给他们深刻的教训。

蔡襄：人之子孝，本于养亲以顺其志

人之子孝，本于养亲以顺其志。

——蔡襄《福州五戒文》

点评 做人要以孝顺父母为本，孝顺父母要以尊重他们的意愿为本。

蔡襄，字君谟，福建仙游枫亭人，北宋名臣，著名书法家、文学家，同苏东坡、黄庭坚、米芾并称为“宋代四大书法家”。他在中央和地方政府任官40多年，担任过翰林学士、三司使等职务，在1044—1046年、1056—1058年两次出任福州知府。他为官清廉，关心人民。

蔡襄认为，国家要想富强，就应培养更多的人才、倡读经书。在福州任职期间，蔡襄重金聘请了贤士周希孟、陈襄等人为学生讲解经书。他反对鬼神之说，反对铺张浪费的嫁娶之风，提倡家庭要勤俭节约、人和人之间要和睦相处。因为科举考试考诗词，当时的人很重视学习写诗词，而不重视“经世之术”的学习，蔡襄想要纠正只为科举考试而学习的风气，他重视学习经术，提倡文章与礼仪并重，这对福建理学的形成有一定的影响。

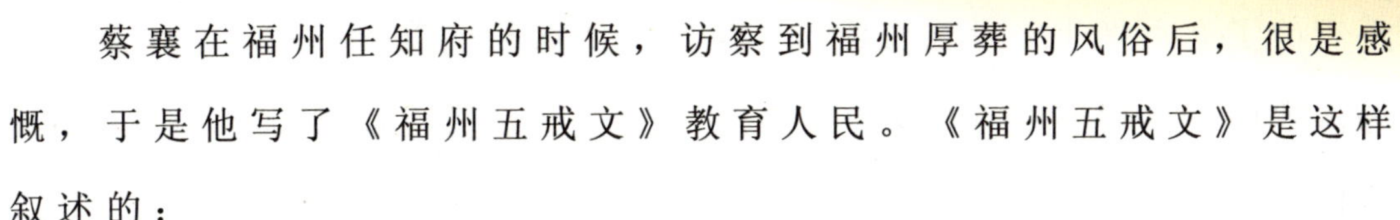

蔡襄在福州任知府的时候，访察到福州厚葬的风俗后，很是感慨，于是他写了《福州五戒文》教育人民。《福州五戒文》是这样叙述的：

人之子孝，本于养亲以顺其志，死生不违于礼，是孝诚之至也。观今之俗，贫富之家，多于父母异财，兄弟分养，乃至纤悉无有不校；及其亡也，破产卖宅，以为酒肴，设劳亲知，施于浮图，以求冥福。原其为心，不在于亲，将以夸胜于人，是不知为孝之本也。生则尽养，死不妄费，如此岂不善乎？

译文：为人儿子的孝敬，根本在于顺应父母的想法去赡养他们，生前死后都不违背礼仪，这才是至孝。观当今的民俗，无论贫困还是富有的家庭，大多是与父母各管各的财物，兄弟分开赡养父母，对一些琐碎的小事都会斤斤计较；等父母死后，他们才变卖房产，换得酒席佳肴招待客人，舍钱给僧人，为父母积累阴福。然而推究他的内心，做这些不是为了父母，只是希望他人夸自己很孝顺，他们并不知道孝顺的根本是什么。生前尽心奉养，死后不乱花费，这样难道不更好吗？

蔡襄在他的家训中，谈及家风是需要后代不断传承的，家风、家训是激励后代儿孙不断前行的精神财富。正是在蔡襄的这种理念的影响下，这个家族英才辈出，产生了“五世十知州”。蔡氏家训，是对孝道文化的传承。

弘扬孝道，传承中华传统美德

古人有很多孝顺父母的故事，这些故事流传至今，令人动容。但现代社会中的孝道却是令人不敢恭维，新闻中报道过一对70多岁的老夫妇，因为子女不肯赡养，迫于无奈，只能通过法律程序，逼迫孩子们赡养。在生活中，还有的子女不肯让父母住在新房子里。虽然这些现象并不普遍，但是从这些现象中，我们不难看出这些子女的行为，同蔡襄所推崇的孝道是大相径庭的。

弘扬孝道，应从心底对父母尊重，对父母的言行要一致。家长要从小教育孩子弘扬孝道，让他们做到尊敬长辈。只有家庭中形成了敬老的好风气，才能令父母安享晚年。此外，如果孩子出现了不孝顺的行为，家长一定要对孩子严加惩罚，这样才能让孝道传承不绝。

最好的尽孝方式是精神慰藉、心灵沟通

对于大多数的老年人来说，温饱不再是问题，他们需要的是精神慰藉、心灵沟通。所以，子女尽孝，除了满足父母温饱之外，还要在精神上关爱父母。

蔡襄为了更好地侍奉双亲，多次劝说父母跟随自己赴任，希望他们在晚年不寂寞。但是父母年事已高，不想出远门，多次拒绝了蔡襄的请求。直到蔡襄到福州上任后，他才将父母接到任上侍奉。他常陪着父母聊天，做事从不违背父母的意愿，让父母享受天伦之乐。父亲离世之后，蔡襄担心母亲感到孤单，之后到京城、杭州等地任职都将九旬老母带在身边。当母亲去世后，蔡襄为母亲守孝8个月，因伤心过度，也随母亲离开了。

“树欲静而风不止，子欲养而亲不待。”孝敬父母一定要及时，不要等到父母离开了，才感到后悔、惋惜。从现在开始，家长要着手培养孩子的孝心，让孩子明白孝顺父母是自己的义务和责任，同时要让他们明白，孝顺父母并不只是满足父母物质上的需求，还要给予父母精神上的慰藉。家长要以身作则，引导孩子明白物质供养和精神慰藉的区别。周末时，家长可以带着孩子到爷爷奶奶家或者是姥姥姥爷家，陪老人们聊天、帮老人干活等，相信在这样的环境中，孩子也会向家长看齐，做一个孝顺的好孩子。

“孝”教会人感恩、担当

“孝”是一种温情，一种感恩。“百善孝为先”，从根本上来讲，孝就是要学会感恩。懂得感恩父母的人，才能感恩其他人。

弘扬孝文化，更重要的是培养有担当的人。家长要加强对孝的理解，让孝更好地传承。现在，城市发展越来越快，生活越来越便捷，人们的心却离得越来越远，孝文化主要讲“亲亲而博爱”，这是构建信任的基础。家长要让孩子明白，不仅要孝敬自己的父母，还要尊敬其他的老人，营造良好的社会风气。

我们的社会正在飞速发展，我们民族的孝文化正是维持社会发展的润滑剂，这种孝文化中蕴含着感恩、仁爱、担当、信任等精神内涵。家长只有明白这个道理，并将孝文化传递给孩子，让孩子传承这种孝文化，才能促进社会的不断发展。

第二章　诚实知报，择良为友

人无诚信不能立足，很多时候一个人是否讲诚信跟家庭有很大的关系。诚信的家庭培养出的孩子也是诚信之人，能更好地和他人相处。同时，我们生活在社会中，难免要和他人交流、沟通，这就面临择友问题。孩子也许会择友不佳，家长要及时引导，让孩子多结交益友，帮助孩子健康成长。

袁采：言忠信，行笃敬

言忠信，行笃敬。

——袁采《袁氏世范·处己》

点评 告诫人们说话要忠义诚信，做事要踏实虔敬，这样才能受人爱戴。

袁采，浙江衢州人，1163年中进士，后在登闻鼓院为官，掌管军民上书等事。他从小受儒家思想影响，德才兼备。自从他步入仕途之后，他遵循儒家思想治理政务，重视教化，为官多年一直清廉。在温州做乐清县县令时，他感慨子思的中庸做法，写了《袁氏世范》践行伦理教育。

《袁氏世范》从实用、人情方面出发，以立身处世为原则，共分为三卷，分别是《睦亲》《处己》《治家》。《睦亲》主要是讲家庭和睦的相处之道，《处己》是谈个人修养、为人处世等，《治家》讲的是操持家业的一些道理。通过这些家训，袁采教导子女要宽以待人、严于律己，这本书被誉为“《颜氏家训》之亚”。

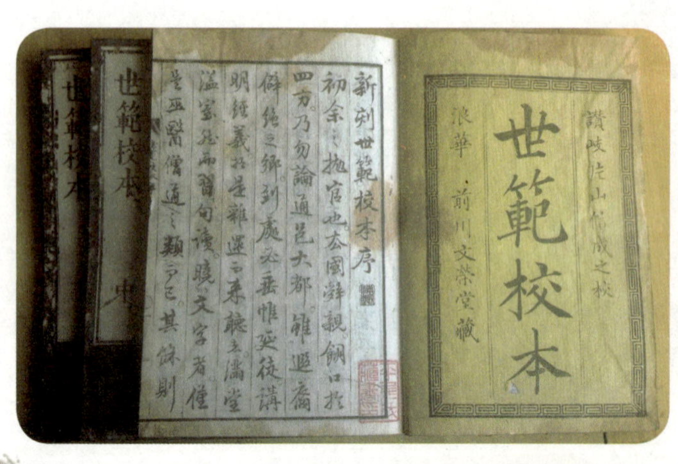

在《袁氏世范·处己》中，袁采教育子弟要成为谦逊之人。

言忠信，行笃敬，乃圣人教人取重于乡曲之术。盖财物交加，不损人而益己，患难之际，不妨人而利己，所谓忠也。有所许诺，纤毫必偿，有所期约，时刻不易，所谓信也。处事近厚，处心诚实，所谓笃也。礼貌卑下，言辞谦恭，所谓敬也。若能行此，非惟取重于乡曲，则亦无入而不自得。

译文：说话要讲究忠信，行为要笃敬，这是圣人教人们如何获得乡亲敬重的方法。财物当前，能不做损人利己的事；在患难时刻，能不妨碍别人以利己：这就是人们所说的“忠”。一旦许诺，即便是丝毫小事，都要做到；一旦有约一时一刻都不能改变，这就是人们所说的“信”。为人处世要厚道，内心要诚实，这就是人们所说的“笃”。对地位低下的人能以礼相待，言辞谦虚、恭敬，这就是所谓的“敬”。如果能够做到这些方面，不仅能得到乡亲敬重，而且你做任何事情都能很顺利。

袁采写的《袁氏世范》，被历代士大夫奉为至宝，认为它是教人通情达理的家训经典。书中有很多教孩子为人处世的观点，如诚信做人等。袁采认为，人最难得的品质，就是忠信笃敬，这部书对现代人的家庭教育影响依旧深远。

做人要诚信，为人处世要厚道

诚信，就是要做到言行合一，不虚伪、不作假。诚信是人世间最宝贵的财富，每个人都应坚守住它。诚信的人能够承认自己的错误，即便接受惩罚也能以诚相待，做人如此，做事也如此。为人厚道的人心胸开阔、心存善念，如果每个人都能变得诚信、厚道，那么这个社会的风气将会更淳朴、和谐。

现代社会中，存在很多不诚信的人和事，这些人和事带坏了社会风气，亟须倡导诚实守信的社会风气。诚实守信的社会风气的形成要从教育孩子开始，家长要教育孩子为人要诚信，做事要厚道。家长要告诉孩子，因做错事担心受到惩罚而撒谎、考试作弊等行为都属于不诚信、不厚道的行为。家长要从现在开始，着手孩子的诚信教育，改善社会的不良风气，为树立社会新风气贡献自己的一份力量。

不轻易许诺，不违背诺言

不轻易许诺的人，一般是两种人：一是缺乏自信的人，二是重视承诺且将结果看得很重要的人。第二种人不会失信于人，在大多数情况下，他们都能兑现诺言。这种人有高度责任心，有非一般的品德和人格境界。

袁采在《袁氏世范》中提到："有所许诺，纤毫必偿，有所期约，时刻不易。"即对别人许诺的，即便是小事，都要守诺完成。这可以看出守诺在袁采心中的分量。

信守承诺并不是一个细节问题，而是贯穿人一生当中的原则问题。正如做事要依靠自己的能力，同样许诺也要根据自己的能力。家长要教育孩子，不要轻率地许下诺言，只要许下诺言，无论前方有多困难，心中都要记住这个诺言，无所畏惧地前行，最终实现诺言。

应该如何教孩子诚实守信

诚实守信是人们生存的基本道德底线，是人立足社会的根本。要想让孩子能够在社会中立足，就要培养孩子的诚实守信品质。家长应从孩子小的时候就开始进行诚信教育，让诚信伴随着孩子一起成长。教导孩子诚实守信，对孩子的成长至关重要。家长要让孩子明白，诚实守信的人会受人欢迎，而撒谎、不信守承诺的人则会令人厌恶。

培养孩子的诚信品质，需要家长有耐心、能细心，将其融入生活细节当中，贯穿孩子的成长过程。家长要教育孩子从小不能说谎，做错事的时候，要主动承认自己的错误，并及时改正；不随便拿别人的东西，借别人的东西要及时归还。对于社会中存在的一些欺骗、狡诈行为，家长要持鲜明的批判态度，以此教育孩子一定要做光明磊落之人。同时，家长可以同孩子一起阅读关于诚信的书，给孩子讲一些关于诚信的故事。

家长要为孩子营造诚信的家庭氛围。家庭成员的相互信任，会在潜移默化中逐渐熏陶孩子。现在的孩子是家中独子，长辈对他们宠爱有加，而孩子会向家长提出许许多多的要求。此时，家长要根据孩子的需求，满足其合理部分，而对于他们不恰当的要求，家长不要答应，并告诉孩子理由。这样，孩子就会明白，能够答应的事，家长才会许诺；不能答应的事，家长一定不会许诺。诚信是一种道德品质，无诚不信难成事。睿智的家长，应该从身边的小事入手，在孩子心中播下诚信的种子，让孩子与诚信为伴。

包拯：有犯赃滥者，不得放归本家

有犯赃滥者，不得放归本家。

——包拯

点评 包拯素来公正严明，他对后人甚是严格，不承认品行不好的人为包氏后人，要求让这些人生不能入包家门，死不能入包家坟。

包拯，字希仁，号文正，谥孝肃，庐州府合肥包村人。他于1027年中进士，先后做了端州、扬州、开封等地的知县、知府，曾出使契丹，之后还做了财政部门的转运使、三司使，最后任枢密副使，成为朝廷的宰辅。

包拯曾任端州知州，当时那里出产的端砚为进贡朝廷的贡品。以前的知州总是借着收贡品的机会，加征进贡数额几十倍，以此贿赂上司、朝中权贵。当包拯接任之后，他命令工匠只做进贡的数量就可以了。在他离任之时，没有带走一方端砚。

包拯不但以自身廉洁闻名于世，其后辈都能居官廉洁、为民淡泊。这都是跟包拯制定的37字家训有很大的联系。南宋吴曾《能改斋漫录》记载

了包拯的家训：

包孝肃公家训云："后世子孙仕宦，有犯赃滥者，不得放归本家；亡殁之后，不得葬于大茔之中。不从吾志，非吾子孙。"共三十七字，其下押字又云："仰珙刊石，竖于堂屋东壁，以诏后世。"又十四字。珙者，孝肃之子也。

译文：包拯在家训中讲道："后代子孙做官的人当中，如果有人犯了贪污罪，我不允许让他踏进家门；死了之后，也不允许葬入祖坟当中，不顺从我意志的人，就不是我的子孙后代。"原文共37个字，家训后落款写道："让包珙刻在石块上，并将石块竖立在堂屋东面的墙边，用来告诫子孙后代。"落款原文14个字。包珙是包拯的儿子。

包拯不仅是家训的制定者，更是家训的实践者。在1062年春天，仁宗皇帝因包拯为官清廉、家中贫寒，想要将庐州城郊赐予他。包拯知道皇帝的心意，表示谢意后，坚决不接受恩赐。在宋仁宗的坚持下，包拯只好接受了庐州城郊的护城河。包拯治家很严格，他的后辈都不敢不遵守家训。有史可考，包拯的祖孙三代都受百姓爱戴，他们都是清廉的好官。

包氏家训对于包氏子孙是宝贵的精神财富，家训中的每一字、每一句都在警示包家后人，无论什么时候，都要遵纪守法，不能做违法的事。包氏后人一直用此家训规范自己的言行，不敢有丝毫违背，近千年过去了，包氏族人在不断地壮大，家训一直深刻在每个族人的心中。当然，包氏家训对现代人也有很大的借鉴意义。

贪污是一种不讲诚信的表现

构建诚信社会，政府首先应树立诚信榜样。然而有的基层干部对政府颁布的规定并不在意，常会阳奉阴违；有的政府采购工程招标透明度不高，会出现吃回扣现象；有的地方基层部门公信力较差，以威权推行政务。如果贪污问题太多，那政府该如何在百姓心中树立威信？

政府要想取信于民，就要让各级政府官员恪守诚信，这不仅要靠官员自律，更要用法律形式约束他们。政府官员应信守承诺，明白自己的职责之所在，做到言行合一。如此，才能令百姓信服。

在平时，家长可以带着孩子多看一些新闻，关注国家大事。对于新闻报道的贪污违法事例，家长要多引导孩子，让他们明白这些贪污违法之人，实则是缺乏诚信之人，他们必将会付出代价，会受到法律的严惩。同时，家长可以让孩子谈谈不诚信的表现都有哪些，加强孩子对诚信的认识，做一个诚信的人。

家长应先教会孩子做人

望子成龙，望女成凤。这句话说出了中国家长对子女的希望。在如今这个社会，分数是衡量教育水平高低的标杆。正是这样的错误观念，令很多家长一致向分数看齐，忽视了对孩子的人格培养。其实，学校教育是为了提高孩子的知识水平，而家庭教育主要应教会孩子如何做人。将孩子培养成有爱心、讲诚信的人是家长的职责。

爱心是一种无私的情怀，更是一种美德，是同他人和睦相处的基础。有爱心的孩子，懂得爱父母、爱他人。培养孩子的爱心要从小抓起，家长平时要做到孝敬老人、关心孩子、关爱他人、乐于助人等，以身作则为孩子做好榜样，让孩子在潜移默化中萌生爱心。同时，家长应为孩子提供奉献爱心的机会，让孩子参与献爱心，身体力行，从奉献中获得成就感，从而乐于献爱心。诚信是人的立身之本。家长应教育孩子从小要讲诚信，应严肃对待孩子的不诚信行为，如果发现孩子有偷家中的钱、改考试分数等行为，家长一定要对孩子进行严格教育，让孩子明白自己的做法是错误的。孩子如同一棵小树，小树刚长歪枝时，纠正起来很容易，而等歪枝长成树干就很难改正了。

诚信教育应该备受各位家长的重视，家长要让孩子能从小事做起，说实话，做实事，正直做人，公平处事，成为品行端正、不贪利的好人。

家长应教孩子做人要廉洁

父母之爱子，则为之计深远。家长是孩子的第一任老师，家长的言行对子女的影响深远。其实家长留给孩子最宝贵的财富，就是让他们学会一辈子光明正大做人、做事。很多家长想要为子女创造好的生活环境、学习条件，这是人之常情，但是不能为此贪赃枉法，否则就本末倒置了。其实，对孩子来说，良好的生活远不如家长坚忍的意志、良好的口碑更有影响力。

包拯是一个秉公办事、光明磊落的人，他在家训中告诫子孙后代："后世子孙仕宦，有犯赃滥者，不得放归本家；亡殁之后，不得葬于大茔之中。"

从他的家训中，我们不难看出，他并不希望自己的子孙被眼前利益诱惑，而失去了自我，成为贪污之人。如果子孙中出现这类人，他给出了明确的要求：活着不能进家门，死后不能入祖坟。由此可见为官廉洁是包拯及其家庭教育遵循的铁律。

有一种爱叫作“润物细无声”，孩子总是会以家长作为榜样。因此，家长要规范自己的言行，做该做的事，光明磊落地做人，为孩子做好为人处世的表率，让孩子心中树立清白做人、坦荡做事的思想。同时，家长要坚持自己的底线，面对诱惑时能不忘初衷，做好廉洁的表率。

郑板桥：要须长其忠厚之情

要须长其忠厚之情，驱其残忍之性。

——郑板桥《郑板桥家书·潍县署中与舍弟墨第二书》

点评 只有长存忠厚之心，才能规避心中残忍之性。做人要诚实、善良。

郑板桥，字克柔，清代画家、文学家，江苏兴化人。他早年靠卖画为生，中进士后在河南范县为官，因赈济灾民而忤逆了大吏，最终被罢官。他擅长画兰、竹、石、菊等，诗、画、书被世人称为“三绝”。

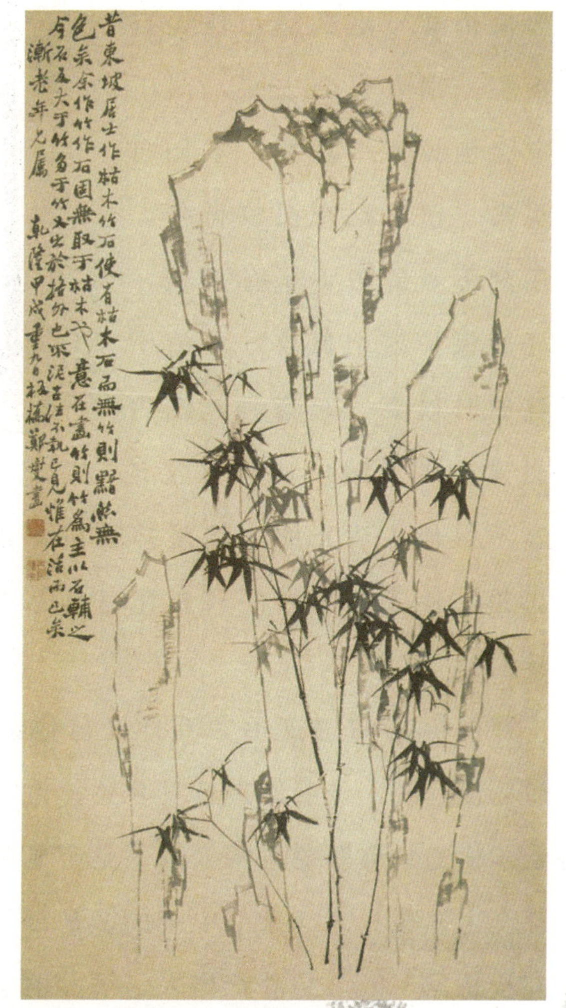

郑板桥是个与人为善的人。在很多年前，他还是一名秀才的时候，曾翻检出以前家奴的卖身契，他并没有给家奴看，而是直接将其烧掉。他觉得每个人之间都是平等的，主仆能够和谐相处就留下，不能友好相处就离开，主仆之间不应有契约留存，以免日后主人勒索仆人。在郑板桥的心中，富贵、贫穷都是可以改变的，人只要奋斗就会富有。郑板桥时常教导家人要与人为善，做好事不求回报，不能算计他人。

不仅如此，郑板桥还是一个仁厚的人，郑板桥的父亲生前看中了一块墓地，但是其中有一座无主孤坟，要刨走才能使用。因郑板桥的父亲是一个善良的人，他不忍心做刨他人坟墓的事，所以想放弃那块墓地。但郑板桥却不这么想，他说自己不买，别人也会去买，买下后定会刨掉那个坟墓，不如自己买来，留下这个孤坟做伴。他还刻下石碑告诉子孙后代，要好好保护这个孤坟，在清明祭奠的时候要一起祭拜。在古代封建士大夫眼中，风水宝地是容不得他人沾光的，但是郑板桥却能推己及人，向家人传递“仁”的思想。他告诉家人，只要怀有仁慈之心，即便风水不好，也会时来运转的。

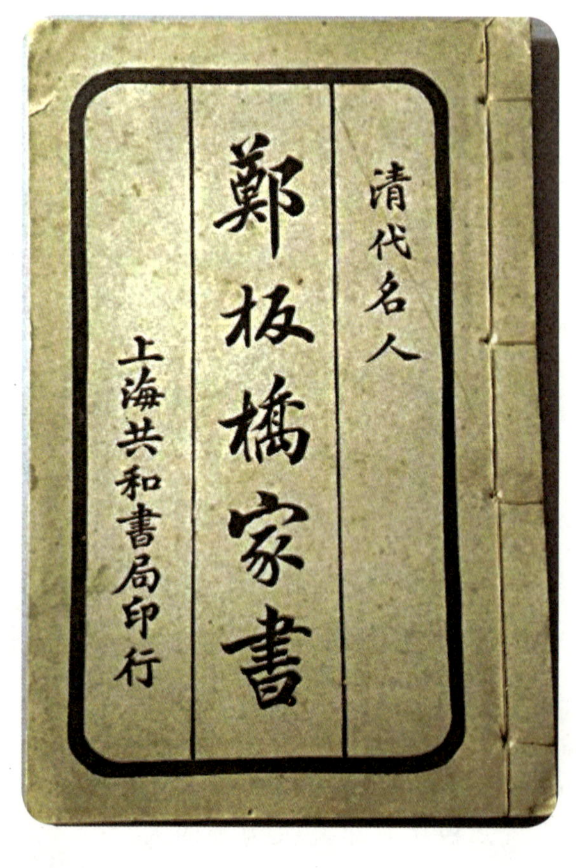

郑板桥在61岁返乡，在此之前他游历各处，对家乡念念不忘，常在雨后凭窗远眺，借着酒兴抒发乡愁。他写下了很多的家书，这些家书大多寄给了他的堂弟郑墨。两人虽不是亲兄弟，却胜似亲兄弟，郑板桥家中的事都交由郑墨打理。家书中谈的多是日常生活，其中有十六篇后来付梓成《郑板桥家书》，是教育家人、子女的家训，如教育家人与人为善、教育

子女平等待人等。其中的良苦用心，只有细细品读之后，才能体会。

我不在家，儿子便是你管束。要须长其忠厚之情，驱其残忍之性，不得以为犹子而姑纵惜也。家人儿女，总是天地间一般人，当一般爱惜，不可使吾儿凌虐他。

凡鱼飧果饼，宜均分散给，大家欢嬉跳跃。若吾儿坐食好物，令家人子远立而望，不得一沾唇齿；其父母见而怜之，无可如何，呼之使去，岂非割心剜肉乎！夫读书中举、中进士、做官，此是小事，第一要明理做个好人。可将此书读与郭嫂、饶嫂听，使二妇人知爱子之道在此不在彼也。

译文：我不在家的时候，儿子由你管教。你要培养他的忠厚之心，驱除掉他心中残忍的一面，不能因为他是你的侄子而姑息怜爱他。家中仆人的儿女，也是天地间的人，应当同样地爱惜他们，不能让我的儿子凌辱他们。

但凡有鱼、肉、水果、点心等食物，都应给他们分一些来，令大家都开心。如果我儿子一个人吃好的食物，仆人的孩子站在远处观看，而品尝不到一点食物。他们的父母看到之后势必会可怜他们的孩子，但也只能让孩子离开，他们这么做时，心中岂不会如同刀割！读书中举甚至是做官，这些都是小事，首先要让孩子明事理，做一个好人。你可以将这封书信读给郭嫂、饶嫂听，让她们知道爱孩子是要教孩子如何做人，而不是要他做官。

郑板桥的教子家书，语言明快，含义深刻，既很好地体现了他的教子思想，又表达了他的豁达性格。郑板桥希望儿子能够心存仁厚，以平等的态度对待身边人，这样的教子理念对现代的家庭教育有着很大的借鉴意义。

教育孩子为人仁爱很重要

仁厚之人心存善念，能知人苦楚，解人所难。然而在现在的社会，仁厚之人少之又少。社会中常出现一些不友善的行为，如“碰瓷”。人与人之间的信任减少了很多，“老人摔倒了到底扶还是不扶”也成了一个引起社会广泛讨论的问题，没人能给出一个肯定的回答。

郑板桥在家书中提到：“要须长其忠厚之情，驱其残忍之性，不得以为犹子而姑纵惜也。”他希望儿子从小养成一副仁爱心肠，摒弃心中的残暴之性。同时，从郑板桥教子中也折射出他的为人。他是一个仁厚的人，所以他希望自己的儿子也是一个仁厚的人。

缺乏仁爱的人性，世间多了许多冷漠，少了许多信任、善良。家长应培养孩子的仁爱之心，让他们遇到需要帮助的人时能伸出自己的援手，做自己力所能及的事，不要畏惧困难。家长要告诉孩子，无论面临什么样的境遇，心中都要怀着仁爱、善良之念，这是社会生存的根本之道。

给孩子进行感恩教育

感恩是一种生活态度，是一种美德，更是做人的基本修养。社会中常有一些腐朽思想及不良现象腐蚀着人们的心灵，一味地索取令人们变得自私、冷漠。对孩子来说，感恩不仅是回馈家长的养育之恩，更是责任意识的体现。

郑板桥在教育儿子的时候，提到当儿子吃好的食物的时候，一定要将美食分一些给家中仆人的孩子。从这一事例中，我们不难看出郑板桥是一个善解人意的人，他能换位思考，体会仆人的心情。他以此教导儿子，希望儿子能推己及人，善待身边的每个人。

家长在平时要多给孩子进行感恩教育，给孩子讲家长养育他们的不易，带着孩子看一些感恩的故事。家长要多加引导，让孩子对感恩有更深的理解和认识。如果孩子能够做到心存感恩，那么他自然而然就能会变得善解人意。

如何培养孩子的仁爱之心

家长是孩子的镜子，孩子是家长的影子，富有爱心的家长，会培养出有爱心的孩子。孩子会将家长作为自己学习的榜样，同时，家长的言行会潜移默化地影响着孩子。所以，家长平时要注意自己的言行举止，做到关心他人、乐于助人等。

很多家长只是一味地爱孩子，忽略了培养孩子的仁爱之心。爱是相互的，在孩子接受爱的同时，还要让他们明白爱是需要偿还的。“人之初，性本善”，其实孩子并不缺乏爱心，只是由于家长不正确的爱，才让孩子的爱心逐渐消失。

在平时，家长要注意对孩子的爱心培养，从言行中引导孩子。多让孩子看一些有关仁爱的故事，帮助身边需要帮助的人。这些行为，会在孩子心中播下爱的种子，随着孩子的成长，他们心中爱的种子会不断成长。

颜之推：君子必慎交游焉

君子必慎交游焉。

——颜之推《颜氏家训·慕贤》

点评 正所谓“近朱者赤，近墨者黑”，交友亦是如此。

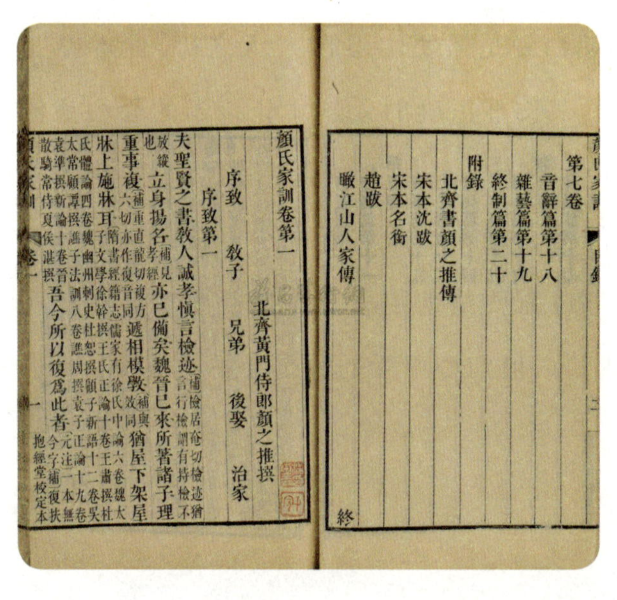

颜之推生于建康郡的一个士族官僚家中，他在12岁的时候开始学习老庄之学，因“虚谈非其所好”，“还习《礼》《传》”。他博览群书，文辞华丽，深得梁湘东王的赏识，在19岁的时候，任职国左常侍。他的著作有很多，如《颜氏家训》《还冤志》等，其中《颜氏家训》最为出名。在这部书中，颜之推利用儒家思想教育子孙，以维持家族地位。这是一部系统完整的家庭教育书籍，其中包含了颜之推一生立身、治家等经验的总结，对封建家庭教育发展有很大的影响，它被称为“家教规范”。

颜之推在《颜氏家训》中提及，对孩子要从小开始进行教育，孩子出生后应以智、仁、礼、义教化孩子。这种教育不仅适用于王室家庭，百姓家中也应重视。他在《教子篇》中提出，要帮助孩子养成良好的生活习惯，不要因为孩子还很小，就对孩子置之不理。当孩子出现不良行为、思想时，家长要及时指出，令孩子明白是非对错。当高尚的思想、良好的生活习惯扎根在孩子的日常生活中之后，孩子自然会朝着好的方向发展。同时，颜之推认为，“近朱者赤，近墨者黑”，家长一定要让孩子慎重选择朋友，选择君子为朋友。

人在少年，神情未定，所与款狎，熏渍陶染，言笑举动，无心于学，潜移暗化，自然似之；何况操履艺能，较明易习者也？是以与善人居，如入芝兰之室，久而自芳也；与恶人居，如入鲍鱼之肆，久而自臭也。墨翟悲于染丝，是之谓矣。君子必慎交游焉。

译文：人在少年的时候，思想、情操都没有定型，他会受周围朋友的熏陶。虽然并没有有意向对方学习，但他的言行举止会越来越像那位朋友，更何况是操行技能等明显更容易学习的方面呢？所以，和善良的人在一起，像是进入了开满芝草和兰花的房间，时间长了自己也会染上香味；同坏人待在一起，如同进入了出售咸鱼的店铺，时间长了自然也带上了臭味。墨子曾对着染布的素丝感慨，就是因为这个缘故啊。德才兼备的君子在交朋友的时候一定要慎重啊！

《颜氏家训》是颜之推的代表作，这是一部告诫子孙的经典家训，它在我国传统家庭教育史上有很大的影响，得到了世人的高度评价。宋朝的陈振孙认为：“古今家训，以此为祖。”其实，“家训”这个名称就是由颜之推首先提出来的。阅读颜之推的教子择友理念，能从中汲取有益的部分，转化为我们现代的教育实践。

近朱者赤，近墨者黑，择友要谨慎

培根曾说：“人生在世，得不到友谊的将会是终身可怜的孤独者，没有友谊的社会是一片繁华的沙漠。”由此可见，友谊对一个人的重要性。真正的友谊并不能轻而易举地得到，它需要经过时间的考验。人生中最宝贵、最美好的东西就是友谊，常言道“宁无百金求一友”，益友会带给你各方面的好的影响；反之，损友会将你带上歪门邪道，让你堕入深渊中。

颜之推在家训中说道：“是以与善人居，如入芝兰之室，久而自芳也；与恶人居，如入鲍鱼之肆，久而自臭也。”颜之推希望自己的儿子能够结交好的朋友，从朋友身上受到好的影响，不断提升自己。他不希望儿子结交品行差的人，担心儿子会受到不良影响。

交友是人的社会需求，家长教导孩子慎重择友并非是对孩子交友的否定，而是希望孩子在和朋友交往的时候，能够发现这个人的品行好坏，看到他的本质。如果这个人的本质是好的，家长应鼓励孩子结交，如果一个人心存歹念，家长要告诫孩子避而远之。

结交益友对于孩子的重要性

众所周知，朋友包括三种类型，分别是益友、损友、普友。益友是能够真正帮助你的人，在关键时刻能够伸出援手。损友一般都是传递负能量的人，整天传八卦等内容消耗你的时间、精力，这种人并不希望你能从他身上“受益”，反之，他会想着从你身上得到好处，如果不能满足他的欲望，他会将你拉下水。对于这样的朋友，我们应当疏远，甚至绝交。普友一般没有好坏之分。想必家长都希望子女能够结交益友，在相处过程中互相激励。

颜之推认为：“人在少年，神情未定，所与款狎，熏渍陶染，言笑举动，无心于学，潜移暗化，自然似之。”孩子会在不知不觉中学习朋友的言行，可见孩子结交益友的重要性。

常言道“物以类聚，人以群分”，你想要成为什么样的人，你就会结交什么样的人。在孩子小的时候，家长对于孩子的影响是最大的，但是随着孩子的长大，家长对于孩子的影响越来越小，朋友、同学等对孩子的影响越来越大。如果孩子每日都和品行好的人交往，孩子也会变好；反之，孩子会成为品行不好的人。因此，家长要告诉孩子交朋友一定要交益友。同时，家长要告诉孩子益友的标准都有哪些。当然，家长要做好监督，一旦发现孩子结交了损友，要及时让孩子远离那些人。

引导孩子学会选择朋友

随着孩子的长大，他们交朋友的欲望会越来越强烈，他们希望和同龄人一起玩耍。这个时候，家长要鼓励孩子多和其他孩子交往，这不仅满足了孩子的交友需求，还培养了孩子的人际交往能力。在孩子与人交往的过程中，家长要引导孩子学会择友。

人的需求是多层次的，家长要教孩子从多个角度来选择朋友。如果孩子告诉家长，身边有一个人常常指出自己的缺点，那么家长可以告诉孩子，这个人正是你值得结交的朋友，你可以和他深交，并照着他的说法去做，这样你的坏毛病就会渐渐改掉。只要是对孩子某一方面有促进作用的朋友，家长可以鼓励孩子和他交往。多角度选择朋友，才能让孩子多方面发展。总而言之，家长要让孩子明是非，辨别好人、坏人，结交好的朋友。

第三章　家国情怀，心系天下

家是国的基础，国是家的延伸。国家和家庭，个人和社会是密不可分的整体。家庭和国家是同呼吸、共命运的，只有家庭好，国家才能好。想要让每个人都心系国家，这需要好的家风、家训。只有这样，家国情怀才能流淌在每个中国人的精神血液中。

林则徐：苟利国家生死以，岂因祸福避趋之

苟利国家生死以，岂因祸福避趋之。

——林则徐《赴戍登程口占示家人》

点评 将国家利益放到首位，个人得失放次位，体现了强烈的爱国主义情怀。

林则徐，福建省侯官人，字元抚，晚号俟村退叟、俟村老人等，清朝政治家、思想家、诗人。1839年，他在广东禁烟，派人要求外国鸦片商人交出鸦片，并将没收的鸦片在虎门销毁。

林则徐不仅以禁烟抗英声名远扬，其治家、教子也令人称道。在他为官期间，妻儿留在家乡，他通过书信教育子女。在封建社会，人们认为“万般皆下品，唯有读书高”，但林则徐在教子勤读书的同时，

还教孩子学习如何种庄稼，并告诉儿子，农民是天下最值得尊重的人。林则徐督促他们黎明前起，勤恳劳作。很多人认为读书是“两耳不闻窗外事，一心只读圣贤书”，但林则徐认为“读书贵在用世”，读书不仅是要增长知识，

更重要的是要将知识付诸行动，为社会做出自己的贡献。他告诫儿子不能死读书，要做到读书和实践相结合，只有学到真才实学，才能有实力为社会做一些事。

林则徐要求子女能够像自己一样，清白做人，不为利禄所累。1842年8月，林则徐被发配到伊犁充军，在西安同妻子离别时，作了一诗，一直传颂到现在。

力微任重久神疲，再竭衰庸定不支。苟利国家生死以，岂因祸福避趋之。谪居正是君恩厚，养拙刚于戍卒宜。戏与山妻谈故事，试吟断送老头皮。

译文：我能力微薄，身体疲惫，若是继续担任重担，这副衰老的身躯恐怕是支撑不住了。如果对国家有利，我会不顾生死。难道我会有祸就躲避、有福就上前迎受吗？我被流放伊犁，正是出于君主的厚爱。其实我还是当一个戍卒来养拙比较好。我同妻子开玩笑，说起《东坡志林》中宋真宗召对杨朴和苏东坡赴诏狱的故事，说你可以吟诵一下那句“这回断送老头皮”那首诗为我送行。

林则徐是近代史上得到很高赞誉的政治家，他在反抗帝国主义侵略、捍卫国家主权斗争中大义凛然，毫不退缩，在教育子弟时，也表现了他的爱国精神、民族气节。林则徐的教育思想，都集中在他写给妻儿的家书当中。

“弃文学稼”也是爱国的一种表现

爱国是每个中华儿女的精神支柱，是中华民族的核心精神，它是一个永恒的主题。随着社会的发展，时代的变迁，不同时期的爱国主义精神，有着不同的表达方式。在古代，爱国表现为抵抗外来侵略。而在近代，林则徐的爱国主义教育，不仅是要让孩子读书做官，而且也要让孩子学做农耕，让国家有坚实的物资后盾。

林则徐是中国家训史中第二个认为农民在世间最高贵的人。在给妻子的家信中，林则徐打算让次子从事农耕，希望他能自食其力。其实在这个时候，林则徐19岁的次子林聪彝已经是秀才了。如此看来，林聪彝并不笨，只是林则徐不想让林聪彝继续读书做官，希望他能放弃求仕，做个地道的农民。身处封建社会的他，竟然能够鼓励儿子务农，实在令人钦佩。

当然，这并非鼓励现在的家长要让孩子从事农耕，只是想说明，爱国主义精神是随着时代潮流不断发展的。比如，现在的爱国主义精神表现在不能在网上传播或造谣一些不利于国家稳定的信息等。家长要充分利用典型的爱国主义事例教育孩子，让孩子心中萌生爱国主义种子。同时，家长要监督孩子的言行，当孩子出现不爱国的行为时，应及时予以纠正。

重视家庭中的“以身许国”精神的熏陶

爱国主义精神并不是与生俱来的，它是在后天社会环境中长期熏陶而形成的。爱国主义精神包含着人民对故土、对国家的情谊。家庭是孩子人生中的第一所学校，家庭教育对于孩子爱国主义精神的养成有着至关重要的影响，家长要重视对孩子的爱国主义精神的培养。

众所周知，林则徐是我国近代史上伟大的爱国主义者。在被派往广东查禁鸦片期间，林则徐给妻儿写了一封信，信中写了他在查禁鸦片中面临的各种压力，同时表示在禁毁鸦片过程中，从没有考虑过自己的生死、名誉等，字里行间洋溢着一股以身许国、造福百姓的爱国主义精神。在林则

徐写给妻子的这封信中，他将自己对国家的情感，通过朴实的文字传递给妻儿，想要让他们和自己一般，从国家利益出发，不畏惧生死，为国家奉献自己的微薄之力。他这种“以身许国”的精神，深深影响着妻儿。

爱国是一种传统，它体现在生活的点滴当中。生活中，我们常看见有些人为了自身利益，不顾国家法律规定，做出很多违法乱纪的事。家长要从小教导孩子，当国家利益同自身利益发生冲突时，要以国家利益为重，不能只顾自身利益，要有“以身许国”的精神。爱国不仅是文字符号、口号，更是行动。

接受历练，学会做人做事以国家利益为重

现在很多的孩子缺乏历练，只有经历过一些事情后，他们才知道如何做人、做事，才明白为什么国最重、个人其次。

林则徐很重视对子弟的教育，他不仅教育儿子要爱国爱民，还传授他们政务经验、处事经验，培养儿子的各种能力。林则徐多次告诫儿子，做官并非为了名誉、财物，而是为“致君泽民”。他告诉儿子，官可以不做，但不能不好好做人。林则徐以自己多年的为官经验对儿子进行教导，要求他做官有务实政绩，不能辜负皇上对自己的恩泽。

家长从现在起，要放手让孩子经历一些事，令孩子从生活中学会一些道理，而这些道理是从课本中无法学习到的。在孩子遇到事情时，家长要好好引导，让孩子通过这些事情，明白如何做人、做事，明白应以国家利益为重，如果国家危难，自己无动于衷，个人利益终将难保。

陈宝琛：传家先志节，报国恃精神

传家先志节，报国恃精神。

——陈宝琛《婉女随婿入都过苏省亲送至上海》

点评 爱国主义精神应该在家庭中代代相传。

陈宝琛，字伯潜，晚清大臣，他早年进入翰林，敢于谏言，同张之洞、张佩纶、宝廷四人被合称为“枢廷四谏官”，深得皇帝信赖。他是清朝末代皇帝溥仪的老师，是清朝忠实拥护者。他虽为清朝遗臣，心系旧朝，但他反对溥仪做日本傀儡，至死都不肯服从伪满朝廷。

1880年，陈宝琛授右春坊右庶士，翌年，授讲学士，参与草拟诏书等要事。1883年，他被升为内阁学士。在陈宝琛涉足政坛之后，常被称为“清流”，他为国家、民族操劳，上谏多是与维护边防稳固、砥砺臣僚德行、维持社会安定等相关。他指出了沙俄、日本的野心，是一个有勇有谋的人。

陈宝琛平时在教育子女的时候，要求子女做对国家有利的事，如给女儿写家信的时候说道：

汝婿趋庭乐，还朝正及春。传家先志节，报国恃精神。敝佩宜相敬，齑盐要耐贫。宣南巢好在，回首听鸡晨。

译文：你的夫婿一家家庭和乐，他现在返回朝廷正逢其时。传家要以志向和气节为先，报国要倚仗精神。夫妻同享荣华时要相敬如宾，粗茶淡饭时要耐得住清贫。宣南的家还在，正可听清晨的鸡鸣。

在清末民初大环境中，他希望清朝政府能改革，以振兴国家。在陈宝琛的一系列的举措中，都表现出他对国家的关心和热爱。

陈宝琛是一个非常爱国的人，他一生中时刻怀着强烈的民族存亡意识和深切的爱国精神。他在教育子孙后代时，以爱国为基准，丝毫不敢怠慢。正是这样的家风，才让陈氏家族经久不衰。

陈宝琛不满伪满，无奈报国无门

陈宝琛十分痛心溥仪成为日本的傀儡，但他并没有放弃自己的这个学生。1932 年 10 月 10 日，陈宝琛到长春看望溥仪，下榻交通银行，此刻的陈宝琛十分老迈，但依旧顶着风雪来到溥仪居住的地方，和溥仪商量如何恢复大清王朝。此时，溥仪身边有一个人叫郑孝胥。郑孝胥是日本人的新贵，还做了几个月的伪政府总理，正是得意之际。陈宝琛很鄙视这个人，郑孝胥却沾沾自喜地扬言道，自己为溥仪开创了新局面，正是在自己的努力下，国家才发生如此大的改变。

后来，陈宝琛还和郑孝胥以诗词形式展开对垒。日本人看到陈宝琛写的“日暮可堪途更远，中干其奈外犹强”，非常生气，他认为陈宝琛在讥讽日本。当时有些爱国人士深知陈宝琛的爱国情怀，不想让他遭受迫害，告诉日本人他这只是文人舞文弄墨，并无讥讽之意，日本人方才罢休。

但是日本人看到了陈宝琛的威望及学识后，很是动心，想要让陈宝琛作伪满洲国的太傅，陈宝琛坚决拒绝。当时一些报社想要让他题字，他写下了“旁观者清”四个大字。

从长春回来之后，陈宝琛陷入深深的痛苦当中，他看到溥仪一步步走上背叛民族的道路，他却无可奈何。溥仪背叛民族，陈宝琛虽忠于清朝，却没有跟着他当汉奸。陈宝琛没有恪守“君令臣死，臣不得不死”的原则，他明白不能成为千古罪人。

陈宝琛是中国社会进步的探索者、爱国者

陈宝琛深知教育的重要性。1881 年，陈宝琛在《条陈洋务六事折》中建议每科进士游历各国，希望以此培养一些洋务人才，促进近代文化的发展。在家乡的时候，他还大办教育，支持妻子王眉寿创建女子师范学校。

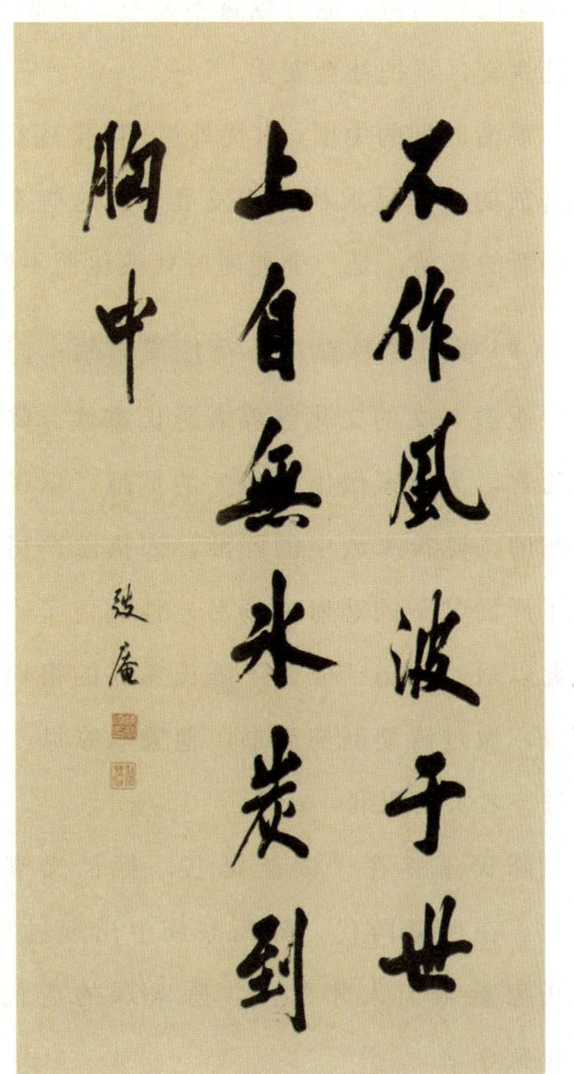

他曾担任很多地方的乡试考官，深知科举制度弊端，他想改革科举制度，提倡学以致用，提倡西学，希望多学习一些西方科学技术。他的观点，推动了中国教育观念的近代化。

清朝后期，世界列强多次入侵中国，中国面临着巨大的民族危机，很多爱国人士都主张变法，反对外国入侵。在中国面临民族危难的时刻，陈宝琛写出了《落花》：

生灭原知色是空，可堪倾国付东风。唤醒绮梦憎啼鸟，罥入情丝奈网虫。雨里罗衾寒不耐，春阑金缕曲初终。返生香岂人间有，除奏通明问碧翁。

在陈宝琛的这首诗中，多处引用典故，其中蕴含着他无尽的忧愁、沧桑之感，陈宝琛想要通过“落花”表达自己对个人命运的悲慨。陈宝琛将个人命运同国家命运相联系，表达了自己顽强不屈的精神。

陈宝琛是光绪初期清流派的主要人物，他将忠君与爱国紧密联系。为了国家民族利益，他可以奋不顾身。他敢于直谏，积极提出社会改革方案，查处贪官，维护社会安定。

晚清时期的中国，内忧外患，陈宝琛忧国忧民，以强硬的态度抵御外侮，以开放的心态寻求社会新发展。从这些事情中，我们不难看出他是一个敢于创新的新儒，是一个能随时代变化而不断探索的爱国者。

陈氏家族精神：行仁义之事，修齐治平

重教兴文的文化滋养着陈氏家族。陈氏家族是榕城有名望的人家，世代为官，为国家做出了很大的贡献。据说，陈氏家族是明朝洪武年间迁至福州的，陈氏家族中的陈淮，因执法严厉，被提升为明朝留都部主政，目睹了严嵩父子的悲惨下场后，他制定了“读圣贤书，行仁义事”的家规。自此以后，这句话成为了陈氏家族的祖训。陈宝琛的曾祖父陈若霖，进士出身，做过清朝刑部尚书，他秉承家风，公正不阿，执法严厉，据说他还判过一名贝勒死刑。

陈氏家族在“读圣贤书，行仁义事”的祖训的熏陶下，稳步发展壮大。在明清两代，陈氏家族中出现过很多为官者，而进入新中国后，陈氏家族依旧人才辈出。陈宝琛的后代族人，有的参加革命，有的成为专家学者。

陈氏家族之所以百年不衰，和其祖训及其家风颇有关系。一般人家的

祠堂大门大多是红漆大门，但陈氏祠堂却是青黑色的大门，这表示子孙后代要清白持家，不能玷污祖先明德。陈氏家族的繁荣，正是读圣贤书、行仁义事的必然结果。

甘国宝：居官廉慎，尽心报国

居官廉慎，尽心报国，勿坠家声。

——甘维衡等《和庵府君行状》

点评 恪尽职守，尽心报国。

在福建省屏南县的环岛上，矗立着一座雕塑，是这座城市的标志，这就是爱国护民的甘国宝的塑像。甘国宝出生于1709年，20岁中举人，24岁中进士，之后担任了很多的官职。甘国宝一生为官清廉、勤政爱民。

甘国宝出生在农民家庭，为官之后，一直恪尽职守，备受朝廷重视。甘国宝军政兼管，水陆并防，他知道自己责任重大，时常告诫下属："防陆者不可处于家，防海者不可处于陆。"每次出海巡查的时候，无论遇到多大风浪，他都会坚持巡逻完。

他不仅关心国家，还爱护人民。在1758年，他被调到南澳镇任总兵，那个地方正闹饥荒，他拿出自己的俸禄，买来谷米，救济当地百姓。1769年，他担任广

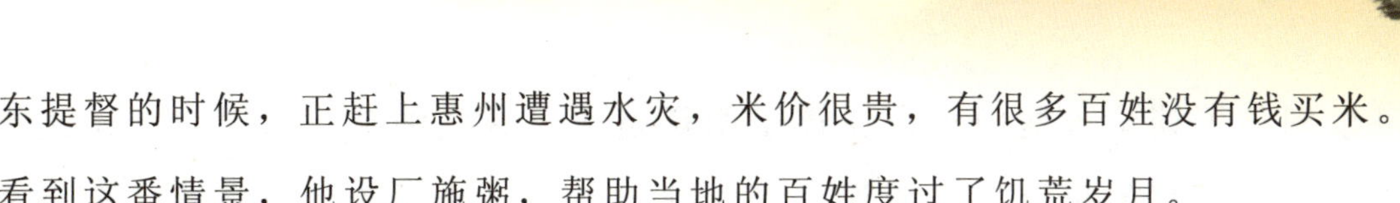

东提督的时候，正赶上惠州遭遇水灾，米价很贵，有很多百姓没有钱买米。看到这番情景，他设厂施粥，帮助当地的百姓度过了饥荒岁月。

甘国宝常说：“吾为官不敢漠视民事，而总不欲干预词讼，而侵文武之权。吾治兵虽不过于刻责，而常恐其偶骄纵骜悍……”他常教育子女说：“居官廉慎，尽心报国，勿坠家声。”他为官恪尽职守，在68岁的时候，还穿着战袍巡逻福建八府，途中感染重病，不久不治身亡。他真正做到了“鞠躬尽瘁，死而后已”。他死之后，后人整理他的遗产，发现留下来的财产很少。

他为官43年，丰功伟绩无数，有人为纪念甘国宝题写了“超凡入圣”，精准地概括了他爱国爱民不凡的一生。

从甘国宝的一生中，我们可以看出他心系国家、人民。在中华民族五千年发展史中，已经形成以爱国主义为核心的民族精神。历朝历代中，有很多仁人志士有强烈的忧国忧民思想，他们以国事为重，这种精神是难能可贵的。

家庭中的爱国主义教育

家庭教育是爱国教育的第一课堂，孩子是国家的未来，从小培养孩子的爱国主义精神对他们和国家都是至关重要的。家庭的爱国主义教育具有灵活性、随机性，是其他教育所不能代替的。家长在对孩子进行爱国主义教育的时候，应针对孩子的特点，继承传统教育方法中的优点，采用活泼、多样化的教育方式，有的放矢，强化家庭爱国主义思想。

每个人的一生中都会接受各种教育，而爱国主义教育是最基础、最重要的一种教育。家长应重视自己的道德修养，弘扬爱国主义精神。有些家长整日对祖国恶言恶语，诋毁民族文化，这样会扭曲孩子的国家观，对孩子的爱国主义教育起到消极影响。

爱国主义教育应融入家庭生活的点滴当中，如进行家庭旅游的时候，可以有意识地引导孩子认识祖国山河之美；同孩子一起看书、看电视的时候，可以同孩子谈论一些国事，让孩子明辨是非。这些细节，都是对孩子进行爱国主义教育的机会。正所谓“润物细无声”，这样的教育方式，会令教育效果事半功倍。

恪尽职守也是一种爱国表现

爱国是一个古老而又沉重的话题，作为当代公民，我们爱自己的国家无可厚非。但是，真正的爱国到底是什么样的？真正的爱国者并非将爱国时常挂在嘴边，而是爱国家、民族的灿烂文化，爱国家的一草一木。爱国并不分职位高低，也不是装腔作势、矫揉造作，而是做好自己的本职工作。这是爱国的基本，如果每个人都能恪尽职守，那么国家会越来越强大。

甘国宝为官几十年，从来都是为朝廷、为人民办实事，从没有想过自己的利益，他在年老病重的时候，依旧奔波在为国操劳的路途中，他把生命献给了国家、人民。他死后并没有给家人留下金银财宝，只留下一个恪尽职守的理念，这一理念影响着他的子孙后代。

对于孩子来说，恪尽职守就是在学校能够认真听讲，学好文化知识；遵守学校规章制度，不做违反校规的事情；在家中做自己力所能及的事，帮助家长分担一些家务；等等。

爱国主义教育应从小抓起

有些家长并不重视孩子的爱国主义教育，他们认为，孩子的主要任务是学习文化知识，等他们长大后，自然会明白爱国的重要性。其实，这样的想法是错误的。相信很多家长都知道，要从小教孩子做人的道理，如尊老爱幼、助人为乐、诚实等，其实爱国主义理念同这些做人的道理是相通的，需要从小灌输给孩子，这样他们才会对祖国更有认同感。

甘国宝很重视子女的爱国主义教育，在孩子们很小的时候，他就开始教导他们如何爱国，怎样才是爱国。孩子们耳濡目染，心中自然而然萌生了爱国主义情怀，并以父亲为榜样，成为了爱国人士。

家长要重视对孩子的爱国主义教育，从看爱国电影、听爱国故事、唱红歌、参加升国旗仪式等事情中，逐步培养孩子的爱国情感。孩子是国家的未来和希望，爱国教育一定要从小抓起，只有让孩子从小将祖国铭记在心，长大后的他们才能更加热爱祖国，做建设祖国的接班人。爱国主义教育是长期的教育，家长应让爱国主义教育贯穿在孩子的成长过程中，在孩子心中播下爱国种子，让这颗种子生根发芽，茁壮成长。

林觉民：为天下人谋永福，助天下人爱其所爱

吾充吾爱汝之心，助天下人爱其所爱，所以敢先汝而死，不顾汝也。汝体吾此心，于啼泣之余，亦以天下人为念，当亦乐牺牲吾身与汝身之福利，为天下人谋永福也。

——林觉民《与妻书》

点评 从中体现了作者的心系天下、舍己为人的宽阔胸怀。

林觉民，字意洞，号抖飞，福建闽侯人。在年少时，他接受了民主革命思想教育，推崇自由平等思想。他曾经在日本留学，并加入了中国同盟会。1911 年，林觉民在广州起义的前三天给妻子陈意映写下了《与妻书》。

当时，他从广州来到香港，迎接从日本回来参加起义的同志。他住在江边一个小楼里，夜深人静之时，他想到自己将参加生死未卜的起义，想到了年迈的父亲、弱妻稚子，便动笔分别给父亲和妻子写下了诀别书。在天亮的时候，他将书信交给了朋友，希望能将自己的心意传达给父亲和妻子。

他在写《与妻书》的时候，泪同笔墨齐下，心中的滋味无以言表。《与妻书》

情真意切，到处都渗透着浓情，读来令人潸然泪下。虽然时隔百年，但是文章魅力依旧，林觉民对于妻子的那份真情，那种为天下人谋福利的志向，依旧令人动容。

意映卿卿如晤：…… 吾自遇汝以来，常愿天下有情人都成眷属；然遍地腥云，满街狼犬，称心快意，几家能够？司马青衫，吾不能学太上之忘情也。语云：仁者“老吾老以及人之老，幼吾幼以及人之幼”。吾充吾爱汝之心，助天下人爱其所爱，所以敢先汝而死，不顾汝也。汝体吾此心，于啼泣之余，亦以天下人为念，当亦乐牺牲吾身与汝身之福利，为天下人谋永福也。汝其勿悲！

译文：意映爱妻，见字如面：…… 我自从遇到你以来，常希望天下有情人都能终成眷属；然而当今四处都是腥风血雨，到处都是狼犬，能够称心如意的有几家？我不能学圣人那样忘掉感情，每每想到这些，泪水常打湿我的衣服。古人说：“有仁爱之心的人孝敬自己的长辈，推及孝敬别人家的长辈；爱护自己的孩子，推及爱护别人家的孩子。”我扩大对你的爱意来帮助天下人，让他们能爱他们所爱，所以我才敢先你而去死，不顾你。你应体谅我的心意，在啼哭之余，也要想着天下人的福利，应该也乐意牺牲我和你一生的福利，为天下的人谋求永久的幸福。请你不要悲伤！

林觉民的这封《与妻书》表达了他为天下众生谋福利的志向，正是这样的高尚精神和豪迈之情，令其流芳百世、名垂千古。从林觉民的家书中，可以看出他的爱国情意，不惜牺牲小家庭的幸福来换取千万家的幸福，他的理念对于当今社会主义核心价值观的建设有很大的影响。

正确处理家和国之间的关系

纵观历史，有很多舍小家为大家的先辈。比如，大禹治水，三过家门而不入；昭君为国家安危、民族团结，与匈奴和亲远嫁异域；岳飞抗金，不顾性命；等等。还有更多的革命前辈，他们为了民族和平、解放，牺牲个人、家庭幸福，以头颅和鲜血推动中国革命不断前行。在1998年的抗洪救灾中，有很多家在灾区的官兵，没有离开自己的岗位去救自己的小家，而始终奋战在抗洪的第一线。从这些事例中，我们不难看出，他们在国家和自身利益产生冲突时，选择了国家利益，这种精神是值得我们学习的。

林觉民对妻子很宠爱，他对这个家庭很有责任感。但不幸的是，他生活在国家动荡不安的时代，他不想坐以待毙，他希望为国家的发展、民族的进步和人民的幸福贡献自己的一份力量。所以，他给妻子写下了诀别书，书中提到希望妻子“当亦乐牺牲吾身与汝身之福利，为天下人谋永福也”，展现了他从爱小家扩大到爱国家的宽广胸怀。

家长要让孩子从小明白，爱国重于爱家，当国家利益和家庭利益出现冲突的时候，应将国家利益放在首位。当然，在维护国家利益的同时，兼顾好自己的小家，也不是自私自利的表现。其实为国家而奋斗，归根结底还是希望每个家庭都能够过上幸福的生活。

爱国教育对于孩子的重要性

孩子作为国家的下一代，肩上背负着振兴中华、让中国矗立世界之林的重任。孩子学习科学文化知识，是为了建设好祖国，令祖国不受其他国家威胁。如果现在不及时让孩子接受爱国主义教育，孩子心中很难产生浓厚的爱国主义情怀。他们虽然有可能会学习到很多知识，有所成就，但却可能并不会为祖国做贡献。所以，从现在开始，家长要积极对孩子进行爱国主义教育，让孩子心中有国家，更好地学习文化知识，将来成为国家的真正栋梁之材。

爱国主义精神是孩子健康成长不可或缺的重要部分，很多家长将绝大部分精力放在关注孩子身体健康成长、智力开发方面，认为只要孩子这两方面正常，孩子就能在社会中立足。其实不然，社会中的任何人都离不开国家。一个没有国家意识的人，对国家、社会有害无益。国家不能正常发展，个人谈何发展。

家长应在孩子小的时候，对其开展爱国主义教育，根据孩子的认知特点，采取容易接受的方法，将复杂、抽象的东西转化为孩子可以接受的事物，在孩子心中播下爱国主义的种子。随着孩子的成长，他们的爱国主义精神将会不断加强，他们对国家会有更深层次的理解。

培养孩子的爱国主义精神

爱国主义教育是一个大题目，要想将国家真正“装”入每个孩子心中，就应培养孩子的爱国主义精神。这是一个长期过程，应落实到每个家庭当中，家长应根据孩子的不同年龄阶段，灵活采用生活中的教育元素，令家庭中充满爱国主义精神，让孩子健康茁壮成长。

平时，家长可以带着孩子参观博物馆，让孩子了解中华文化在人类文明发展中的贡献，清楚中华文化在当今世界中所占的地位，为自己作为中国人感到自豪和骄傲。家长可以通过各种渠道让孩子了解国家日新月异的变化，清楚国家发展形势，让孩子从小心中树立为建设国家、保卫国家贡献自己的力量的目标。家长还可以带着孩子了解中国近代屈辱的历史，让孩子明白落后就要挨打，创新才能开辟新道路，激励孩子努力求上进，为国家的发展贡献自己的力量。

第四章　勤学好问，志在千里

“读书百遍，其义自见”“一人立志，万夫莫敌”，从这些话语中我们不难看出，一个人只有勤学好问，心中有志，才可能成就一番大事业。古人很重视孩子的品行培养，他们会为孩子写下家训、家规等，希望孩子能树立远大志向，并通过勤奋学习去实现它。

刘邦：可勤学习

汝可勤学习，每上疏，宜自书，勿使人也。

——刘邦《手敕太子文》

点评 告诫儿子应勤奋学习。

刘邦，沛郡丰邑中阳里人，汉朝开国皇帝，历史上杰出的政治家。公元前202年，刘邦在长安定都，采用休养生息的政策治理天下，恢复了社会经济，促进了汉朝文化发展，死后将帝位传给了刘盈。

他在弥留之际给儿子刘盈写下了《手敕太子文》：

吾遭乱世，当秦禁学，自喜，谓读书无益。洎践阼以来，时方省书，乃使人知作者之意，追思昔所行，多不是。

尧、舜不以天子与子而与他人，此非为不惜天下，但子不中立耳。人有好牛马尚惜，况天下耶？吾以尔是元子，早有立意。群臣咸称汝友四皓，吾所不能致，而为汝来，为可任大事也。今定汝为嗣。

吾生不学书，但读书问字而遂知耳。以此故不大工，然亦足自辞解。今视汝书，犹不如吾。汝可勤学习，每上疏，宜自书，勿使人也。

译文：我生在动乱的年代，赶上秦皇焚书坑儒，不允许学习。当时我很高兴，认为读书没有益处。直到登基之后，我才知道读书的重要性，常让别人讲解著书人的意思。想想从前的行为，大多都是错误的啊。

尧、舜没有将天下传给自己的儿子，反而传给了他人，他们并不是不珍重天下，只是他们知道自己的儿子并不适合执掌天下。人们有好的马儿、牛儿都会很珍惜，何况是天下呢？你是我的嫡长子，我很早就想立你为接班人。大臣们都称赞你能和商山四皓结交，我当年想要邀请他们来辅助我却没办到，而如今他们都为你效力，可见你可以担任大事啊。现在我决定让你作为我的接班人。

我早年来并没有学习写作，只不过在读书问字的时候知道一些而已，因此我的文辞可能不太工整，但是还算能表达我的意思。如今看到你写的书信，却还不如我。你要勤奋学习，每次上献的奏折要自己写，不能让他人代劳。

在这篇文章中，我们能看到刘邦对儿子的包容、赞美、期许。同时，他还反思自己在年少的时候不喜欢读书，承认了自己的错误，可见其用心良苦。同时，刘邦结合个人经历，给儿子提出了建议。

他通过尧舜禅让天下的历史故事，暗指他曾想改立太子，因为他认为刘盈当年还不够贤能，但最终自己并没有废弃他，是因为刘盈现在已经具备做贤君的能力，此处刘邦提出了为君者必为圣贤的主张。同时，刘邦还以身作则，教育儿子要勤于政事，在处理政务中，一定要做到事必躬亲。

《手敕太子文》是刘邦的家训经典，包括了说服教育、慈爱教育、赏识教育、示范教育等内容。在家庭教育中，家长容易产生恨铁不成钢的情绪，进而打骂子女，其实这样的教育方式只能激化亲子之间的矛盾，并不能解决根本问题。所以，刘邦的《手敕太子文》对现代家庭教育有很重要的借鉴意义。

让孩子明白读书的重要性

如今，孩子们的视野越来越开阔，要想更好地教育子女，家长就要不断武装自己，让自己的视野更开阔、学识更渊博。读书意识，是指发自内心的对知识的渴望。不少人有书到用时方恨少的感觉，家长和孩子心中都应秉承着“活到老学到老”的态度。只有不断学习新的知识，才能丰富自己的阅历，让自己成为渊博之人。

刘邦在给儿子写的家书中提到：“洎践阼以来，时方省书，乃使人知作者之意，追思昔所行，多不是。”由此，不难看出他对读书的认识已经有了一个新高度，从刚开始觉得读书并无益处，到登基之后领悟到读书的重要性，他借自己的经历来告诫儿子，要明白读书的重要性，只有让自己多读书，明白更多的道理，才能解决生活和朝政当中的种种事情。

书籍是人类智慧的结晶。从国家层面来讲，读书关系着一个民族的素质，甚至影响着一个国家的命运。从个人层面来讲，读书提高了我们的修养，开阔了我们的视野。同时，读书能够平复浮躁的心灵，让人明辨是非，不断完善自我。家长要让孩子明白读书的重要性，帮助孩子养成爱读书的好习惯。

如何才能让孩子爱上读书

相信不少家长都有这样的困扰，孩子每次拿起书后，只是随手翻翻就丢到一旁。无论家长采用什么方法，他们都不肯认真读书。其实，爱读书并非是与生俱来的，这需要后天不断地培养。众所周知，读书能够让我们从中汲取很多知识，洗涤心灵，提升个人修养。一个爱读书的孩子也很难变坏，因为书中告诉他很多做人的道理。那么，家长该如何培养孩子的读书习惯呢？

自古以来，阅读都是世人推崇的行为，读书的习惯并非一蹴而就，家

长可以根据孩子不同的年龄段选择不同的书籍。其实孩子并非对读书排斥，可能是家长没有给他们营造一个良好的读书氛围，才降低了他们读书的兴趣。所以，想要让孩子真正走进书海，家长应该先给他们营造良好的读书氛围。当孩子在读书中取得了进步、明白了一些做人道理时，家长要及时进行表扬。相信通过这样的举措，会让孩子逐渐喜欢上读书。

读书会让孩子富有智慧。孩子在成长中总是会遇到各种困惑，如果他们能够进入书海，他们会从书中找到答案，找到人生路上的方向标。当孩子从书中受益时，就会主动爱上读书。

读书立志，才能成就一番大事业

欧阳修曾说："立身以立学为先，立学以读书为本。"一代伟人毛泽东，嗜好读书，这个习惯伴随了他的一生。他读书的目的很明确，那就是读书立志，做大事。在毛泽东的读书笔记中，我们常能看到他的远大志向，这也是他一生的精神所在。

刘邦在家书中提到"尧、舜不以天子与子而与他人，此非为不惜天下，但子不中立耳"，言外之意是，帝王只有满腹经纶，心中才能有治国方略，才能带着国家走向繁荣，如果胸无点墨，那势必会使国家走向衰败。如果是这样的结局，那还不如让其他有才之人经营天下。

如今的社会，虽然没有了滚滚硝烟，但是这并不代表我们可以怠慢。家长要有忧患意识，告诫孩子只有读书、立志，才能为国效力，成为国家栋梁之材。国家的未来需要孩子们去建设。从现在开始，让孩子志存高远，心怀天下！

严复：有志之士，须以济世立业为务

有志之士，须以济世立业为务。

——严复《严复集》第三册

点评 有志气的人，都是把济世救民当作自己的职责。

严复，原名宗光，字又陵，后改名复，出生于福建省福州市盖山镇阳岐村，他是清末民初具有深远影响力的启蒙思想家、教育家，一生都在追求真理。严复出生于一个中医世家，家中有着良好的家风家训。正是因为他接受过良好的家庭教育，所以他对子女的教育也非常重视。他多次为子女写家书，以言传身教影响着孩子们。

在他写给三儿子的一封家书中写道：

闭门索句，甘苦固非朋辈所与知，而非经一番戛戛其难之候，终身没出息矣。吾于文字颇知荼蘼，往往自轻己作，成辄弃去。又以居今之日，时异往古，有志之士，须以济世立业为务，不宜溺于文字，玩物丧志。

译文：关门思索诗句，心中的甘苦并不是朋友能知道的。不经过一番困难的磨砺，终身都会没有出息。我对于写作的甘苦得失颇有一些了解，我常常轻视自己的作品，总是写完就弃之不顾了。我以为现在时代已经不同于从前了，有志气的人应该将救世济民作为自己的责任，不应该沉浸在文字游戏当中，这样会消磨志气，终归一事无成。

严复留给子孙后代的家训，是他一生思想、经验的总结，他希望子女能够勤奋学习，做对社会、对国家有用的事。

领会严复的家训智慧，可以帮助现代家长更好地教育子女。现代家庭应汲取古人教育智慧，不断提高家庭教育质量，让新时代的孩子们，以更好的精神面貌和更高的人格修养开创不一样的社会风貌。

读书是为了济世救民

孩子们从小开始接触书本，开始读书，但是他们真的知道读书的意义之所在吗？读书是为了济世救民。

严复出生在一个中医世家，他的父亲严振先是一名德才兼备的中医。严振先给穷人看病，向来是免费的。1866年，福州发生霍乱，很多家庭都逃离那里，但是严家并没有离开。看到诊所中送来越来越多的病人，严复的母亲本想劝导丈夫，但想到丈夫平日为人，最终，她选择默默支持。在这场瘟疫中，严振先不幸染病去世了。自此以后，母亲担起家庭重担，依靠女红之类的活挣钱，供严复读书。严复的父亲在世的时候，就很重视对子女的教育，他认为："世间数百年旧家，无非积德；天下第一等好事，还是读书。"

严复7岁时，进入了五叔严厚甫的私塾读书，在课堂上他常对老师的观点提出质疑，没过多长时间，他被送回家了。父亲没有责怪他，反而为他请来了私塾先生。黄宗彝正是严复的私塾老师，他的教学严厉，但他常会和严复讨论宋元明三朝的儒家思想。

正是在严师、父母的教导下，严复立志要济世救民。严复认为中国受欺的主要原因是海军薄弱，所以考入了福州船政学堂，并前往英国学习海军技术。在留学期间，他博览了自然科学、社会科学等方面的著作，认为对国民进行启蒙教育比学习海军技术更重要。学成归来之后，他将西方的社会学、自然科学、哲学等知识融入学校教育当中，努力推动中国教育。此后，他实现了从海军军事学家向启蒙教育家的转变，然而不管怎么转变，他的济世救民之心从未改变。

学有所成，希望能为国所用

严复赞成传统文化中的"忠孝节义"，并将这些理念融入家训当中，以此教育子女。严复要求子女先学习中国传统文化，在打好基础后才能去国外深造。严复的长子严璩年少时期跟着郑孝胥学习，成年之后才出国读书。此外，严复的三子、四子都是在家读私塾之后才到专门学校学习。

严复重视孩子的学习，但是他不要求孩子以做官为目标，只希望他们能够努力读书，做对国家、对社会有用的人。1909年，族侄严家驺打算到美国留学，但是他不知道自己该学什么专业。严复建议他学习西医，之所以这样建议，是因为当时欧美的医学发展很快，而中国正好缺乏这样的人才。外甥女何纫兰想要办女子学校，希望女子也能受到良好的文化教育。

严复写信鼓励她道：“他日事成，吾但愿充一国文教员……既办则虽千辛万苦，总须于社会着实有益，可与后来人取法。”

从严复教育后辈的事迹中可以看到，他鼓励孩子努力学习，力求能为国所用，使孩子成为一个对国家、对社会有用的人，这值得家长们学习。

陈帙：读书显扬，始不负吾苦心矣

男儿务为大者、远者，岂以是琐琐为孝耶？读书显扬，始不负吾苦心矣！

——林则徐《先妣事略》

点评 男儿要树立远大的抱负，怎么能认为尽孝就是帮助父母做些生活中琐碎的事情呢？读书光耀门楣才是孝顺。

林则徐的母亲陈帙，是福州文儒坊宿儒陈时庵的第五个女儿。陈时庵很喜欢读书，他发现林宾日是一个爱读书的君子，就把自己的五女儿陈帙许配给他。陈帙 18 岁时，嫁给了林宾日，婚后生了十一个子女。林宾日是个穷秀才，但陈氏并没有任何怨言，她依靠勤劳的双手，支撑着全家的开销。陈氏是一个典型的贤妻良母，她的针线活很好，还会做“象生花”（这是福州当地一种美术艺术品，是当时妇女流行的装饰品），这种工艺品通常是根据数量挣钱的。陈氏每日都会在家中，带着几个女儿围坐一起，做这些手工艺品。林宾日则每日督促儿子读书。有时候，林宾日和孩子们睡了，陈氏还一个人在那里做手工活，时常到了夜深人静时分还不肯休息。

在天寒的时候，陈氏常会被冻得手指皲裂，但为了挣一些微薄的钱财，她还是忍着疼痛，马不停蹄地赶工。陈氏的这种行为，让林则徐看在眼里，疼在心里。小林则徐想要替母亲做一些事，有好吃的东西时，他总舍不得吃，会留给母亲。每逢此时，母亲都会严厉地对林则徐说道：“男儿务为大者、远者，岂以是琐琐为孝耶？读书显扬，始不负吾苦心矣！”

在林则徐成为进士之后，林家的家境才逐渐好转。然而，母亲陈氏依旧在家中亲力亲为。陈氏看着儿子变得有出息，家庭生活变得越来越好，她常会拿出家中多余的钱财，帮助家族其他人，她曾说："一身之福有几，奈何遽欲尽之，但以分周三党之贫乏者，不尤愈乎！"

母亲言传身教的高尚品德，让林则徐受益终身，他在《先考行状》中对母亲在灯下做手工的事情进行回忆，并发出感慨："这样的情景如同昨日重现，然而这样的情景是不可能再现了。"从中不难看出林则徐对母亲深深的眷恋。同时，陈氏对儿子勤读书的鼓励，林则徐铭记在心，并付诸行动。

养子莫徒使，先教勤读书

孩子出生后，他会面临一个五彩缤纷的世界，他将要认识、学习很多的事物。家长要想让孩子成为一个真正有用的人，就要让孩子从读书开始，因为人最基本的认知是从书中得来的，从书中能够学习到基本的为人处世礼仪规范等。

陈氏为贴补家用，夜以继日地忙着做工艺品，林则徐看到母亲如此辛苦，想要帮着母亲做一些活，缓解母亲的负担，而陈氏对林则徐的做法并不赞同，她严厉地告诫儿子，男儿要以大事为任，不能在这些小事上浪费时间，勤读书才是对

自己的最大回报。

要让孩子勤读书

勤奋不一定成功，但是只要你坚持不懈地努力，一定会成为不一般的人。其实人的智力都差不多，聪明的人，都是一些勤奋的人。俗话说“只要勤于耕耘，到处都有收获”。很多时候，很多家长常埋怨自己的孩子很聪明，却不够勤奋。家长要想让孩子勤读书，就要让孩子明白读书的重要性。陈氏对林则徐的教导就是为了让他明白读书的意义。林则徐明白了读书的重要性，才更加勤奋读书。

此外，兴趣是指一个人对事情的热爱程度，它能促使人对一件事长久地钻研。当孩子处于青少年时期，家长要多给孩子展示学习对象的重要性，激发他们对学习的兴趣。相信在兴趣的引导下，孩子会逐渐喜欢上读书的。

让孩子明白读书的重要性

余秋雨曾这样说过：“只有书籍，能把辽阔的时间浇灌给你，把一切高贵生命早已飘散的信号传递给你，把无数的智慧和美好对比着愚昧和丑陋一起呈现给你。区区五尺之躯，短短几十年光阴，居然能驰骋古今，经天纬地，这种奇迹的产生，至少有一半要归功于阅读。”读书能让人站在伟人肩上，把他们的思想转化为自己的思想。读书让古今思想连接，同智者对话，超越世俗物质层面，进入自由的精神世界。

陈氏深知读书对一个人的意义，她希望儿子能好好利用时间，多读书，从书中学习更多有用的东西，无论为官还是做人，都能有自己的一番作为。

高尔基说过：“书籍是人类进步的阶梯。”只有通过读书，才能不断丰富自己的头脑，让自己跟上时代的步伐。人生的经验一部分来自我们的直接实践，另一部分是我们在读书中领悟到的。读书，不仅可以开阔人们的视野，更能净化人们的心灵。读书给人带来的影响是巨大的，希望家长能够明白这个道理，引导孩子热爱读书、多读书，从中领会不一样的世界。

左宗棠：志患不立，尤患不坚

志患不立，尤患不坚。

——左宗棠《与子书》

点评 这是左宗棠在劝勉两个儿子，要立志坚定，改过迁善，趁着年轻多加努力。

左宗棠从小聪明伶俐，在他5岁的时候，随父亲到省城长沙读书，1827年应长沙府试，取中第二名。1830年，左宗棠进入长沙城南书院读书，次年进入湖南巡抚吴荣光设立的湘水校经堂。在此期间，他刻苦学习，在考试中，每次都能拿第一。1832年，他参加了省城长沙举行的乡试，因“搜遗”中第，而在此后的6年中，3次赴京会试，每次都不能及第。

在科举中，左宗棠并不如意，但是他凭借自己的聪明才干，很快得到当地名流显官的赏识。1830年，年仅18岁的左宗棠拜见了长沙著名务实派官员和经世致用学者贺长龄，贺长龄很喜欢左宗棠，“以国士见待”。贺长龄的弟弟贺熙龄是左宗棠在城南学院的老师，也非

常欣赏这位弟子，最终，师生还结成了儿女亲家。

在《与子书》中，左宗棠这样教导两个儿子：

> 读书做人，先要立志。想古来圣贤豪杰是我这般年纪时，是何气象？是何学问？是何才干？我现在哪一件可以比他？想父母命我读书，延师训课，是何志愿？是何意思？我哪一件可以对父母？看同时一辈人，父母常背后夸赞者，是何好样？斥詈者，是何坏样？好样要学，坏样断不可学。
>
> 心中要想个明白，立定主意，念念要学好，事事要学好；自己坏样，一概猛省猛改，断不许少有回护，断不可因循苟且，务期与古时圣贤、豪杰少小时志气一般，方可慰父母之心，免被他人耻笑。志患不立，尤患不坚。偶然听一段好话，听一件好事，亦知歆动羡慕，当时亦说我要与他一样；不过几日几时，此念就不知如何销歇去了。此是尔志不坚，还由不能立志之故。如果一心向上，有何事业不能做成？

昨夜扁舟雨一蓑
滿江風浪夜如何
今朝試捲孤蓬看
依舊青山綠樹多
鬱鬱層巒夾岸青
春山碧水去無聲
烟波一棹知何許
鶗鴂兩山相對鳴
福堂提軍正 左宗棠

左宗棠爱好读书，他曾说：“未能一日寡过，恨不十年读书。”他告诫儿子，读书的日子是难能可贵的，一个人是否能取得成就，在读书后的几年时间中，就会彰显。从他对儿子的教诲中，我们不难看出他对读书的重视。

“身无半亩，心忧天下；读破万卷，神交古人”，这是左宗棠24岁时，在第二次参加会试后，为自己写下的激励言语。左宗棠是晚清时代的名臣，但他并没有为子孙留下金银，而是以藏书作为传家宝，真可谓是“奇书已聚五千卷，此墨足支三十年”。这是值得当今家长思考的。

重视孩子立志是不容忽视的家教内容

家长作为孩子的第一任老师，一定要重视孩子的立志教育，协助孩子立志，并监督他们朝着这个志向努力。

左宗棠在教育儿子的时候，很重视孩子的立志问题。他认为：“读书做人，先要立志。”我国传统家教都激励孩子向积极方面努力，正所谓“志当存高远”，左宗棠教育自己的孩子也是如此。他鼓励孩子立志存高远，但反对“少时志大言大，父师切勿抑之”。他觉得如果孩子并不出众，平日却常说一些不切实际的话是不可取的。他平日里常会教导孩子不能高谈阔论，要效仿古人，能够和不思进取的人做到割席断交。

家长在孩子立志的时候，要引导孩子从实际出发，不能将理想变成空洞的口号。同时，家长要告诉孩子应放远目光，心存大志，这样孩子才能树立远大的目标。同时，为了孩子的未来，家长平时要注意自己的言行，以积极言行引导孩子成长。

守志难，督促孩子坚守志向

志向犹如灯塔，有了志向，才能让前进的步伐更加坚定、踏实。立志是成事的基本，在教导孩子立志的同时，家长要让孩子明白，当志向确立之后，不能随意改动。人生中，我们将会遇到很多的困难和挫折，想要实现自己的志向，会面临更多的艰辛。古人说：“守志如行路，有行十里者，有行百里者，有行终生者。行十里者众，行百里者寡，行终生者鲜。”可见守志的艰辛。

左宗棠在教育儿子时说道："志患不立，尤患不坚。偶然听一段好话，听一件好事，亦知歆动羡慕，当时亦说我要与他一样；不过几日几时，此念就不知如何销歇去了。此是尔志不坚，还由不能立志之故。如果一心向上，有何事业不能做成？"

当然，在教育孩子立志的同时，还要让孩子朝着理想不断努力，实现自己的志向。理想是人生美好的蓝图，然而只有积极实践，才可能实现。生活中常有一些说大话的人，说得多，但做得却很少，这样的人必然成不了大气候。家长在生活中，不仅要让孩子明白自己的志向，还要让他们通过行动，实现自己的志向。只有这样，立志才有价值。

让孩子意识到立志的重要性

很多孩子并不知道立志的重要性，在这种情况下，要想让孩子立志是不可能的，更谈不上孩子将来的发展方向。家长自己先要明白立志的重要性，然后才能引导孩子重视立志。孩子只有意识到立志的重要性，才会从自己的兴趣、爱好等方面出发，树立切实的志向，朝着人生目标不断前行。在平时，家长可以通过一些实例向孩子说明立志的重要性，同样也可以给孩子找一些反面例子。

左宗棠在《与子书》中告诫自己的孩子，希望他们能够像古代圣人一般，立下志向，坚定志向，坚持学好，不断改正缺点，这样才能对得起父母，不被人耻笑。同时，左宗棠用举例的方式告诉孩子们，有人每次听到一些好的事情的时候，总是会效仿，但总坚持不了多久，就会放弃。他指出这正是意志不坚定所导致的。他告诉孩子们，如果能真正立志，就一定会走向成功。

每位家长都希望自己的孩子能在社会中立足，有大成就。想要做到这些并不难，家长需要从孩子立志方面抓起，孩子只有在心中树立志向，才能向目标迈进。值得注意的是，家长一定要引导孩子明白立志的重要性，才能让孩子笃定目标，一路向前奔跑。

第五章　修身养性，谨言慎行

不少家训中都提到了个人的修身养性，它是一个人一生的功课。古人很注重对子女品行的培养，如有勇能忍、不搬弄是非、谨言慎行等。这些品行并非与生俱来，而是需要后天不断地培养、历练的。家长在平时要多注意细节，注重从各方面提升孩子的修养。

林纾：不勇无以趋事业，不忍无以就事业

不勇无以趋事业，不忍无以就事业。

——林纾《训子书》

点评 就气魄而言，需要勇气；就胸襟而言，需要忍耐。想要成大事者，要勇忍相伴。

林纾，字琴南，号畏庐，福建闽县人，是我国近代著名的文学家，曾在京师大学堂教书，参加过维新活动。他不懂外语，却凭借着他人的转述，用古文翻译了很多外国小说。林纾很重视对子女的教育，1908年，他儿子林珪任县令后，他很关心儿子在官场中的作为，于是写了封家书，告诉他如何为官。

林纾在给林珪的《示儿书》中提到，你所在的县城虽然贫困，但你还是会有很多事情要做。我相信你不会贪污受贿，你在这方面很自爱。唯一让我放心不下的是，你有点自傲，遇到事情的时候，总是盛气凌人，自以为是，这是不可取的。人心中充满傲气的时候，处理大事会简单粗暴，处理小事时，又会漫不经心。这样的人为人处世，很容易和他人结仇。

林纾在另一封家书《训子书》中这样说：

做人须得一个“勇”字，又须得一个“忍”字。不勇无以趋事业，不忍无以就事业。盖能勇则进不畏难，能忍则耐性不避难。总在自家定力，不必待人匡辅，方是好男子。

译文：做人必须要有勇气，还必须要有忍耐力。心中没有勇气的人难以成事，没有忍耐力的人亦然。有勇气的人在做事情的时候，能不畏惧艰难，有忍耐力的人遇到困难时，会坚持不逃避。总是依靠自己的定力，不需要依靠别人辅助就能成事的人，才算是好男儿。

这是林纾写给另一个儿子林琮的书信，看过这段文字之后，可以看出林纾希望儿子林琮既能有勇又能忍，这同教育林珪要细心谨慎是大相径庭的。在《林纾家书》中，收录了林纾批改林琮的古文习作，从对林琮字句的修改，可以看出父亲对儿子的爱，也可以看出林纾对儿子寄予了厚望。但不幸的是，林琮在34岁英年早逝，并没有实现父亲的愿望。

林纾希望林琮能屈能伸，只有这样的人，才能成就一番大事业。林纾对儿子的这种教导，对现代家庭教育有着很大的借鉴意义，家长要汲取古代家风家训中好的方面，应用到自己孩子身上，让孩子赢在起跑线上。

勇气是成就大事业的一个重要因素

俗话说“一人拼命，十人难敌”，勇气对成功的重要性很可能超过了智商。勇气能够让你占上风，并助你取得最后的胜利。有勇气的人，不畏惧艰难困苦，敢于攀登，他们将生活中的每个困难，都当作给自己的机会，带着这样的心理，他们向成功逐步迈进。

林纾在给林琮的家信中提到“不勇无以趋事业”，字里行间不难看出，林纾认为勇气对于成就大事业很重要。不仅如此，他自己也将“勇”践行到日常生活中。林纾很痛恨当时的军阀草菅人命的行为，大帅吴佩孚做寿时，有人用重金请林纾为吴佩孚作画，但是林纾果断拒绝了。林纾不向权贵谄媚，敢于用生命抵抗。

常言道，初生牛犊不怕虎。有这样一句话，如果问人生最重要的才能是什么，那么应该是这三样：第一，无所畏惧；第二，无所畏惧；第三，还是无所畏惧。由此可见，勇气对一个人为人处世的重要性。家长在平时要鼓励并支持孩子做一些需要勇气的事情，锻炼孩子的胆量，相信有勇气的孩子在社会中会有大展身手的机会。

成就大事业，忍耐是必要因素

一个人想要成就大事业，就要忍耐他人不能经受的磨炼，珍珠承受了平淡和痛苦，才迎来了自己最终的辉煌。善于忍耐的人，能将挫折当作历练，他们会从挫折中吸取教训。很多时候，成就一番事业，并非看智商的高低，而是看谁的忍耐力更强。忍耐是一种人性的自我完善，忍耐中藏有大智慧、大胸襟。

没有忍耐力的人，必定不能成就大事业。家长要磨砺孩子的耐性，在孩子遇到挫折、困难时，不要忙着帮他们解决，而应该让他们自己想办法，咬紧牙关，冲到最后。在此过程中，家长要给予孩子鼓励、支持，让孩子在一次次磨砺中成长，培养耐性，成就自我。

耐性并非与生俱来，这需要后天的磨砺，耐性强弱，要看一个人的意志力的强弱。从现在开始，家长要多给孩子磨砺的机会，让孩子在各种挑战中提升耐性。

成就一番大事业，勇和忍缺一不可

勇气不仅是在大事中彰显出来的胆量和气魄，它也蕴藏在生活当中，如坦白承认自己的错误等。忍耐则是一种极强的自制力，比如尽管自己心中有说不出的痛苦，但是能将这种消极情绪压制在心中。纵观古今名人，但凡成就事业的人，都是有勇能忍之人。

敢于做事，却没有忍耐力去克服种种困难的人，必定不能成就大事。而能忍耐，却没有胆量、勇气的人，也定然一事无成。成就大事者，要兼备勇气和忍耐两个基本特点。遇到事敢于冲上去，在解决事情时，无论遇到再大的困难，都能冷静下来，耐心解决。如果孩子能做到这些，那么相信成功就在不远处等着他。

家长要明白这个道理，在教导孩子的时候，要从这两方面入手。家长不仅要鼓励孩子敢于直面困难，还要教导孩子在面临困难时不畏惧、不冲动，凭着韧性、耐力将问题完美解决。家长要想让孩子身上磨砺出勇气和耐力两种好品质，在平时要多对孩子进行一些历练，要相信孩子，放心大胆地让孩子去经受磨砺，他将会成为一颗闪耀的明星。

曾国藩：明德、新民、止至善

明德、新民、止至善。皆我分内事也。

——曾国藩《曾国藩家书》

点评 “明德”是要弘扬崇高道德，要通过学习、实践来培养；“新民”是培养富有创新能力的人，开启人民智慧，担负起社会的责任；“止至善”，则是要全面发展，达到尽善尽美的境界。曾国藩认为这些都是读书人的分内之事。

曾国藩，字伯涵，号涤生，出生在湖南长沙府湘乡县白杨坪。他是晚清时期的重臣，著名的政治家、军事家。曾国藩是家中的老二，其父曾麟书有五个儿子，四个女儿。曾国藩上面有一个姐姐，下面有三个妹妹、四个弟弟。

曾国藩是家中的长子，他认为照顾弟弟妹妹是自己的责任，也是尽孝道的表现，如果自己不能将弟弟们调教得有出息，就说明自己没有尽好孝道。曾国藩在教导弟弟们时，主要以修德为基本内容。

曾国藩的出发点是好的，但是在执行的时候，总是不尽如人意。国潢懒散、国荃浮躁、国华耐挫能力差、国葆缺乏自制能力，然而曾国藩并没有丧失信心，他要求弟弟们一定要坚守各自的志向，并能专心致志做事。

不仅如此，曾国藩很重视弟弟们的学业情况，对于弟弟们选择老师和如何读书，他都给了相应的建议。他支持弟弟们到省城读书，自己承担他们昂贵的学费。

曾国藩的弟弟们都在他身边读书。曾国藩希望他们能通过读书，修身齐家。作为兄长，他没有狂妄自大，他很支持弟弟们对自己提出批评和建议，希望能帮助自己改掉缺点。

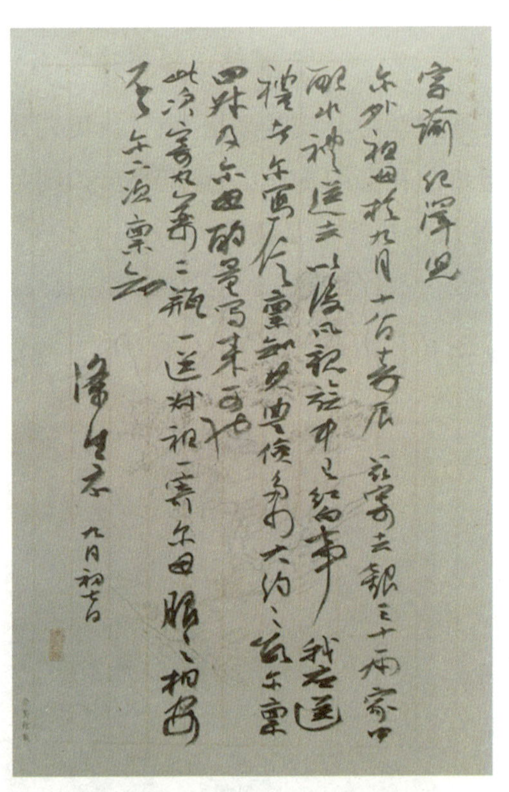

曾家的几个男孩子，在曾国藩的教导下，个个符合儒家标准。曾国荃成为封疆大吏；曾国潢在家乡操持家务，是当地有名的人士；而曾国华、曾国葆在对太平天国的战争中阵亡了。

曾国藩曾在家书中这样写道：

吾辈读书，只有两事：一者进德之事，讲求乎诚正修齐之道，以图无忝所生；一者修业之事，操习乎记诵词章之术，以图自卫其身。……

盖人不读书则已，亦即自名曰“读书人”，则必从事于《大学》。《大学》之纲领有三：明德、新民、止至善。皆我分内之事也。若读书不能体贴到身上去，谓此三项与我身了不相涉，则读书何用？虽使能文能诗，博雅自诩，亦只算得识字之牧猪奴耳！岂得谓之明理有用之人也乎？朝廷以制艺取士，亦谓其能代圣贤立言，必能明圣贤之理，行圣贤之行，可以居官莅民、整躬率物也。

译文：我们读书只应为了两件事：一件是提升道德，探究真诚正直修身齐家的道理，做到不愧对生身父母；另一件是修习学业，掌握背诵写作诗文的技巧，做到自强自立。……

如果人不曾读书也就算了，只要自称是读书人，就应按照《大学》中的要求去做。《大学》的纲领包括三点：明德、新民、止至善。这些都是我们读书人分内的事。如果读书不能自己在身上进行实践，却认为这三点和自身没有多大关系，这样读书还有什么用？这样的人虽然能写文章能写诗，自诩博学风雅，其实也只能算是识字的养猪奴才而已！怎么能称为明事理的有用之人呢？朝廷以八股文选取人才，也是认为考取者既然能代替圣贤发表言论，也必可明白圣贤讲的道理、行圣贤的行为，这样的人才可以管理人民、为下属做出表率。

曾国藩在家书中说了很多，总的意思是告诉弟弟们读书要学以致用，读书的目的在于修身。此外，他还表达了一个重要的意思，那就是要通过读书学会做人。程颐读《论语》时说过这样一句话："今人不会读书，如读《论语》，未读时是此等人，读了后又只是此等人，便是不曾读。"何谓好书？好书就是读后给人以启发、进步，促使人前进的书。

从知识中汲取精神养料是读书的最高境界

获取知识的途径最主要的是读书，读书能令人聪慧，让人有目标，令人振奋。读书能够陶冶人的情操，从中领略做人、做事的道理。读书并非一味地想要获得物质回报，更重要的是从中汲取精神养料。

曾国藩认为读书可以提升人的人格，提升为人处世的能力。他一直秉承着这个原则，他不希望自己的儿子通过读书做大官，而是希望他能读书明理。他在给自己的弟弟写家书时，就提及读书目的是修养德行、陶冶情操。

古人读书的目的是修养自己的学问道德，而现在有很多人，读书的目的却是装饰自己，让别人觉得自己很博学。家长要教导孩子，读书的最高境界是从知识中汲取精神养料，把自己培养成一个有良好修养的人。

书要怎样读，才能算是真正的读书

书要怎样读，才能算是真正的读书？

曾国藩在教孩子读书方法中，总结了三点。首先，要读经典的书。曾国藩是儒家知识分子，他从小教儿子“十三经”“二十三史”。曾国藩认为，经典之所以是经典，是因为其中饱含着先贤的智慧，是后人取之不尽的精神宝藏。其次，“一书不尽，不读新书”。曾国藩认为，一本书没有读完，就不能开始读另一本书，他主张沉浸其中的读书方法，并不赞成死记硬背的读书方式。最后，要培养个人的读书兴趣、方向。曾国藩的大儿子不喜欢八股文，不想参加科举考试，他喜欢西方的语言学、社会学，曾国藩没有强迫他参加科考，而是鼓励他根据自己的兴趣读书。

书是获取知识的渠道，能提高人的修养。家长要让孩子爱上读书，让孩子会学会读书，从书中汲取无尽的知识，令灵魂在读书中高雅起来，让心灵更美丽动人。

读书一定要做到学以致用

读书能够提高人的综合素质，发掘人的智能，读书不仅要能求得学问，更重要的是要能将书中所学身体力行。培根说过：“知识就是力量。”值得注意的是，这里的知识是有效的知识。在现实生活中，有很多高学历的人找不到工作。分析其中原委，正是因为他们不能将知识转化为能力，不能把所学知识运用到实践中来。

曾国藩在京城任职的时候，正当中国处于乱世之时。在京城为官的十多年中，他依旧刻苦攻读，将理论与实践相结合，应用到实际政务当中，

为日后成为朝廷重臣、独当一面积累了丰富的经验。

家长要明白，读书一定要同实践相结合，要去伪存真，将书读“活”。当今社会，读书是一种软实力，是国家综合能力的一部分。一个民族的读书人越多，知识传播会越快，文明程度会越高。家长要让孩子明白学以致用的重要性，将知识转化为自己内在的能力并能够运用自如，才是读书的根本目的。

马援：闻人过失，如闻父母之名

闻人过失，如闻父母之名。

——马援《诫兄子严、敦书》

点评 听到有人喊自己父母的名字，虽然听到了，但不能学习这样的行为。在古代直呼父母的名字，是对父母的大不敬。听到他人的过错，不能学习，不可以跟着他人说别人坏话，也不要参与到别人的是非评论当中。

马援，东汉人，精通兵法，很有谋略。平定南方之后，他受到光武帝优厚的待遇，他的家人也因此跟着风光起来。马援对兄长的两个儿子格外关注，时常去了解他们会跟什么样的人交往，对这两位少爷的行踪，他掌握得清清楚楚。

从古至今，出生于富贵之家的年轻人，大多是一些纨绔子弟。马援担心两个侄子因生活安逸闯祸连累家门，写下了这封著名的《诫兄子严、敦书》：

吾欲汝曹闻人过失，如闻父母之名，耳可得闻，口不可得言也。好论议人长短，妄是非正法，此吾所大恶也，宁死不愿闻子孙有此行也！汝曹知吾恶之甚矣，所以复言者，施衿结褵，申父母之戒，欲使汝曹不忘之耳。龙伯高敦厚周慎，口无择言，谦约节俭，廉公有威，吾爱之重之，愿汝曹效之。杜季良豪侠好义，忧人之忧，乐人之乐，清浊无所失，父丧致客，数郡毕至，吾爱之重之，不愿汝曹效也。效伯高不得，犹为谨敕之士，所谓刻鹄不成尚类鹜者也；效季良不得，陷为天下轻薄子，所谓画虎不成反类狗者也。讫今季良尚未可知，郡将下车辄切齿，州郡以为言，吾常为寒心，是以不愿子孙效也。

译文：我希望你们听到别人的过错，就像是听到父母的名字一样，耳朵可以听，但是嘴巴不可随便议论。喜欢议论别人长短的人，以及胡乱批判朝廷法度的人，是我一生中最厌恶的人。我宁可死也不愿听见子孙有这样的言行。你们知道我讨厌这样的行为，我之所以像父母多次告诫出嫁前的女儿一般反复强调它，是希望你们能牢牢记住啊。

龙伯高这个人敦厚诚实，说话周详谨慎、无可挑剔，为人谦逊检束，勤劳节俭，廉洁奉公，待人自有威信，我爱他、敬重他，希望你们能向他学习。杜季良这个人行侠仗义，替人排忧解难，把别人的快乐当作自己的乐趣。他什么人都结交，他父亲去世时，来了很多人送葬。我爱他、敬重他，但不希望你们向他学习。如果学习龙伯高不成功，你们还能成为谨慎之人，正所谓“雕刻天鹅没雕好还能像个野鸭”。如果学习杜季良不成功，你们将会成为轻薄小人，正所谓“画虎没画好反像条狗”。杜季良现在的处境我尚不清楚，但郡守一上任就十分怨恨他了，百姓对他的意见也很大。我常为他担心，这就是我不希望子孙向他学习的原因。

龙伯高、杜季良都是当时洛阳城中的知名人物，也是马援的两个侄子马严、马敦的朋友。后来，杜季良因行事高调，被仇人诬陷，终被免官。正是马援这封信，才令两个侄子免受牵连。

马援通过这封家书想要让侄子明白一个道理，就是接人待物，一定要低调。同时，从马援写给侄子的书信中，我们不难发现，他并没有过多地批判杜季良，正如同他教诲侄子不要传播他人是非一样。虽然马严和马敦是他的侄子，但他在教育他们俩时，如同教育自己的孩子一般。

教子不道是非，不扬人恶

《弟子规》中有这样的话："扬人恶，即是恶。疾之甚，祸且作。"这是告诫我们，当看到他人有不足的地方，不要四处贬低、指责他人。同时，我们所看到、听到的未必是真实的，如果无端进行批评、指责，就将自己卷入了是非当中，于人于己都是不利的。

马援听说自己的两个侄子在洛阳城中，跟随着杜季良，经常传播一些他人长短。他十分厌恶这样的行为，所以他给侄子写了家信，马援将龙伯高、杜季良的言行做比较，希望两个侄子能够学习好的言行，规避不好的言行。

孩子年龄小时，并不知道哪些事情是对的，哪些事情是错的。在这种情况下，他们会盲目随大流，可能会做出一些错误的事情。所以，当听到孩子跟着其他人传播一些流言或者说他人的坏话时，家长一定要阻止孩子，帮助孩子树立正确的是非观，理性对待身边发生的每件事情。

搬弄是非，迟早会伤到自己

你如果随便将别人的秘密说出去，那么，别人怎么能信任你呢？要知道，在谈话时，随便泄露他人秘密，无疑是在别人背后说是非。

家长在教育孩子的时候，要告诉孩子不要在背后议论他人。这样的行为对被议论者而言是一种严重的伤害行为，如同将他的伤疤揭开让其他人看，那他的伤疤什么时候才能好呢？

在生活中，常会有喜欢在背后说人坏话的人，这些人内心是刻薄的。

家长一定要让孩子远离这些人。聪明的人往往会先想好再开口，而愚笨的人总是先说后反思。家长要告诉孩子，说话前，一定要思考，想好这句话是否能说，因为说出的话如同泼出去的水，再也收不回来了。当别人知道你在搬弄是非，就会远离你。

是非终日有，不传自然无

有人的地方，就有是非。其实对于是非，我们不必过于恐慌，当然也不必过分纠缠不清。有这样一个故事，有对父子赶着驴进城，儿子在前，父亲在后。在半路的时候，有人说他们真笨，有驴还不骑。于是，父亲让儿子骑驴。又走了一会儿，有人说，儿子不孝，自己骑驴，让父亲走路。听到这里，儿子下来，让父亲上了驴背。过了一会儿，又听到有人说，父亲狠心，让儿子走路，自己骑驴。听到这话，父亲让儿子也上了驴背，想着这样就没有人指责了。谁知又有人说，两人都骑驴，不怕把驴压死。于是，父子两人下了驴背，拿起绳子将驴绑起来，两人扛着走，两人在过桥的时候，驴挣扎了一下，不料掉入河中淹死了。

在这个故事中，父子俩被人世间的是非所困，最终失去了自己的判断，将事情弄得一团糟。生活中不免也存在这样的事，很多时候，你会听到他人在议论自己的朋友，作为理智的人，你要杜绝将这些是非传递给朋友。家长可以教导孩子，虽然无法控制别人传播是非，但可以管好自己，从自己做起，停止传播是非，远离是非之人、是非之地。

林旭：威重以固学，谨慎以律己

威重以固学，谨慎以律己。

——林旭《致诸弟书》

点评 治学不严容易怠惰，处世要谨慎小心、严于律己。

林旭，字暾谷，福建侯官人。清朝末年维新人士，出生在贫苦的家庭中。林旭从小在私塾读书，聪明好学。长大后，他跟随着岳父沈瑜庆游历武昌，结交了很多维新派人士。1893 年，他回乡参加了福建恩科乡试，中了举人。在 1894 年到北京参加恩科会试，不中。

后来林旭又赴京赶考，仍没中。当时发生了中日甲午战争，清朝战败，朝廷与日本签订了《马关条约》。通过这次战争，林旭认识到了国家、民族处于危难关头，他放弃考取功名，投身救国，参与了维新变法运动。5 月 2 日，他和一些举人"发愤上书，请拒和议"，反对割辽东、台湾给日本。

1898 年 6 月 11 日，光绪帝下令宣布变法，令朝廷四品以上的官员推荐人才。翰林学士王锡藩向光绪帝推荐林旭，说他是一个才识明敏之人。9 月 5 日，林旭同杨锐、刘光第、谭嗣同四人被授予四品官衔。

林旭不仅有强烈的爱国精神，还有崇高的品质。他在《致诸弟书》中说道：

绛、彦、修弟如晤：……小慧之言，不觉其出于口；无益之作，不知而属于身。有诃之者，犹以暂放解也。故态渐复，则腼然矣。如此者岁常三四，弗能自克。坐是，于学迄无所得。徒事剽窃，以冀时誉，一自思念，辄为汗下。诸君质力见胜十倍，窃恐始勤终惰，或出一辄，故愿以鄙人病根为诸君殷鉴。……威重以固学，谨慎以律己。

译文：绛、彦、修诸弟见字如见面：……卖弄小聪明的话，不知不觉会说出来；于己修养没有好处的事情，不知道做了从此便会属于自身的一部分。直到有人责骂，才会得以暂时解脱。过一段时间，老样子又慢慢恢复了，一副厚颜无耻的样子。这种状态一年常有三四次，不能自我约束。因为这些，我的学业至今都没有任何收获。只会剽窃他人作品，以希望获得一时的荣誉，一旦自己认真思考这件事情，不免惭愧、恐惧。各位的才华能力超出了我十倍，我恐怕你们会开始勤恳而最终怠惰，或者和我如出一辙，所以希望能以我的病根让诸位引以为戒。……态度庄重才能巩固学业，谨慎才能约束自己。

林旭认为，以庄重的态度对待学习，才能稳固学业，要求自己要谨言慎行，才算自律。在生活中，虽然说是言论自由，但是并不能因此乱说话。在与人交往时，不能说一些不利于团结的话。其实言行的素质高低，还取决于文化素质的高低，应该多读一些有益的书，以严肃的态度对待书，才能修身养性，谨言慎行。

教孩子端正学习态度很重要

“态度决定一切”，这对学习来说也同样适用，只有端正学习态度，才能克服学习中的困难。端正学习态度，能够克服自己的惰性，催促自己不断前行。家长要让孩子端正学习态度，认真听讲，认真对待每一次作业。同时，家长还要让孩子意识到学习的重要性，能够自主去学习。

拥有良好的学习态度，才能让孩子在学习中不断寻求进步。拥有良好的学习态度，还要有刻苦钻研的精神，对待每门学科都应有探索欲。家长可以鼓励孩子多和同学们讨论一些学习中的问题，培养孩子的自主学习能力，让孩子能在课堂上认真听讲，主动完成老师布置的全部作业。拥有良好学习态度的孩子，无论遇到什么难题，都能保持一种不抛弃、不放弃的心态，永远保持乐观，并坚信通过自己的努力一定能够解决难题。

严于律己，提升自我修养

严于律己，就是能以道德标尺、规章制度等来约束自己的行为，对自己严格要求。在构建和谐社会的今天，每个人都应修身自律，遵守社会规则。对孩子来说，修身自律能够提升自己的道德修养、综合素质。当孩子走入社会、处理更复杂的人际关系时，会得到更多的尊重和机会。

林旭在写给弟弟们的信中提到“威重以固学，谨慎以律己”，可见他对严于律己的认识很深刻，他认为只有严于律己，才能为他人做好榜样，在为人处世中才能问心无愧。

据调查，在生活中能够遵守规则、严于律己的孩子，长大后大多能有所作为。所以，家长在平时要让孩子学会律己，遵守一定的规则，而不是以抗议、不满等消极情绪对待家长和老师。

家长要严于律己、严以修身

严于律己，家长要为孩子做好榜样。孩子是祖国的未来，家长是孩子的第一任老师，言传身教是很重要的。家长的言行，孩子会看在眼里，记在心里。如果家长在生活中纵容自己，孩子也不会严格约束自己。

严以修身，家长要和孩子共同成长。要知道，生活可以悄无声息地毁

掉一个人，也可以无声无息地成就一个人。家长要学会注重生活中的细节，对小事也不马虎放过，以身作则引导孩子严格律己。家庭教育的主要任务是塑造孩子健全的人格。很多家长上班回家后，由于身心疲惫，对孩子的关心微乎其微，这样的做法是错误的，这对孩子的成长也很不利。

在平时，家长要和孩子交朋友，和孩子平等交流，倾听他们的苦恼，给他们正确的引导、鼓励。孩子的内心是纯净的，他们很真实，你对他们笑，他们也会回报你一样的笑容。家长要想教育好孩子，首先自己要做一个内心丰富、有思想、有良好修养的人。只有这样的家长，才能在生活中潜移默化地影响孩子、感染孩子，才能让孩子成为一个高素质的人才。

第六章　不骄不躁，淡泊名利

现在的社会充满功利、名誉之争，面对这些诱惑的时候，要冷静、淡泊明志，让自己从容应对。郭阶三的家训中提到“勿争利，勿争功，勿争名，勿争气”，诸葛亮家训提到“非淡泊无以明志，非宁静无以致远”。从这些家训中，我们可以看出古人很重视淡泊品行的培养，这对现代家庭教育有很好的借鉴意义。

郭阶三：勿争利，勿争功，勿争名，勿争气

勿争利，勿争功，勿争名，勿争气。

——郭阶三

点评　此四句道出了为人处世的道理，其中“勿争气”最难。

郭阶三，字世敦，号介平，福建侯官县人。他一共有五个儿子，大儿子名为郭柏心，二儿子郭柏荫，三儿子郭柏蔚，四儿子郭柏苍，五儿子郭柏芗。由于其教子有方，其子创造了“五子登科”的传奇，传为一时佳话。之所以能够成就“五子登科”的盛事，不仅因父母对孩子严格要求，更因孩子们自身的勤奋好学。

郭柏荫是五个孩子中最出名的一个，他在1832年中进士之后，历任编修、御史、给事中等职，先后两次被任命为湖广总督。

郭阶三的家族中还出现了十五个举人，这十五个举人，绝大部分人做了教谕。

郭氏家族能够人才辈出，跟郭家的家风家训有很大的关联。郭阶三不仅重视对孩子文化素质的培养，还很重视对孩子为人处世的教育。在郭柏荫的《续啰啰言》中提到其父的教诲：

勿争利，勿争功，勿争名，勿争气。

译文：不争利不为人贱，不争功不为人挤，不争名不为人忌，不争气不为人激。

从郭阶三教育子女的家训中，可以看出他并不希望子女卷入世人的争斗当中。他的理念对现代的家庭教育同样适用。随着社会的发展，不少家长十分看重名利，在这样的家庭氛围中，孩子也变得越来越看重名利。

家长应从心中除去争名夺利的想法

每年高考结束后，总是会有一些孩子因感觉没考好而选择轻生，每当看到这些新闻，总会让人心中涌起难以抑制的悲哀。一个刚高考完的孩子，年龄在十七八岁，正是人生最美好的年华，为什么他们会做出如此傻的选择？

细细琢磨不难发现，随着生活水平的提高，不少家长为了孩子，不惜花费大量财力、物力，让孩子的课余时间都用来参加各种辅导班。家长希望孩子能多学一些技能，将来好在社会中立足，而孩子始终处于被动的状态，他们并没有真正喜欢上那些技能，又怎么会快乐？

究其原因，无非是家长自己心中的争名夺利思想作祟，他们希望子女能取得好成绩，超过别人家的孩子，让自己有面子。正是家长每日在孩子耳旁传授着这些思想，时间久了孩子心中也萌生了类似的想法。孩子认为，只有学习好才是唯一光彩的事情。这无疑给孩子安装上了定时炸弹，一旦孩子在高考中失利，他将会启动引线，原地爆炸。家长们是否想过，自己的这种观念真的正确吗？答案是否定的，这样争名夺利的思想是不正确的。

家长要摆正自己的心态，同时要让孩子明白，这个社会不需要过分争夺，只要努力做好自己就够了。

内心淡泊，才能与世无争

有些人在权力和金钱面前，意志被摧毁，成为权、财的奴隶。现代社会，钱权交易司空见惯，孩子也颇受这种风气影响，他们为了当班干部，会贿赂同学、拉关系买选票；家长要想让孩子受到老师的关照，会请老师吃饭、送礼物。但是家长和孩子却不知道，这是腐败的开始，是罪恶的源头。

郭阶三很重视对孩子品行的教导，他指出做人应做到“勿争利，勿争功，勿争名，勿争气”，争利惹祸上身，争功被人排挤，争名被人嫉妒，争气容易被人激怒。与其这样争斗让自己成为众矢之的，不如顺其自然，不与他人争斗。

当今社会，总有一些人被名利冲昏了头脑，因为争夺名利，陷入牢狱之中。家长要让孩子心中树立远大的志向，不为物质、欲望等动摇，能坚守心中的底线。只有这样，才能让孩子远离名利等带来的灾祸。

教孩子明白人生的真谛

人生是一个不断追求的过程，正是有了追求，才有了活着的意义。人们喜欢追求美好的事物，包括欢乐、健康、幸福等。有的人追求现实，有的人追求理想，等等。其实追求本身并没有错，人的生命注定是在追求中度过，停止追求，那么也就意味着生命走到了终点。然而有的人之所以活在痛苦当中，是因为错误的追求。

一个人要经历过三个阶段，人生才算是完整的。第一阶段是从孩提时候走向社会的阶段。这个时期的生命充满童真和欢乐，内心有无限的渴望，生命中没有争名夺利的欲望。第二阶段是在社会中磨炼。很多时候，人们不能从这个阶段顺利过渡。灵魂变得平庸，对权、财有了更大的贪欲。第三阶段是人再次回归到简单的生活。这种简单与第一阶段的简单不同，而是指经历人生中的大风大浪之后，其心境变得更加开阔，对一切都能看开，能够处变不惊、化繁为简。人的生命都是从简单到复杂，最终回归到最高层次的简单中的。

家长要教孩子明白人生的真谛，让孩子树立自己的人生目标，理性对待生活中的一切诱惑，坚定不移地朝着目标前进。

诸葛亮：淡泊明志，宁静致远

非淡泊无以明志，非宁静无以致远。

——诸葛亮《诫子书》

点评 不追求名利，不为名利所困，才能以平静的心态踏实做事，实现更远的目标。做人要树立远大的志向，时机成熟之后就可以轰轰烈烈干一番大事业。

诸葛亮年过半百之后才有了儿子，他对这个儿子很宠爱，将自己毕生的希望都寄托到这个儿子身上。诸葛亮给他取名为“瞻”，字为“思远”，希望他能高瞻远瞩，有远见。在234年，诸葛亮领兵进驻五丈原，当时他已经积劳成疾，他担心自己会在这次出征中病死，而唯一放心不下的就是自己的儿子。于是，他给儿子写了一封家书，

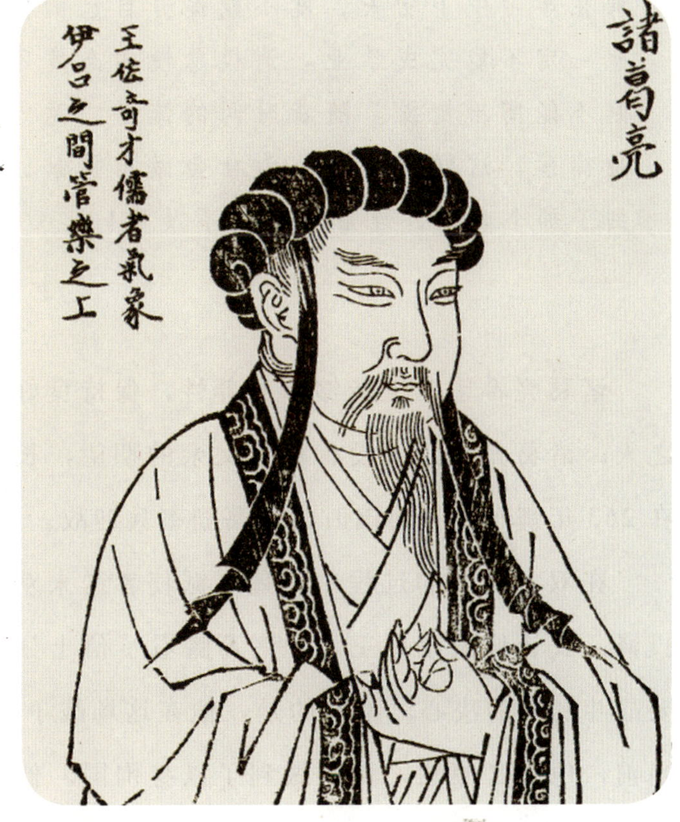

这封家书就是流传千古的《诫子书》，它成了后人修身立志的标杆。这封《诫子书》是这样写的：

夫君子之行，静以修身，俭以养德。非淡泊无以明志，非宁静无以致远。夫学须静也，才须学也，非学无以广才，非志无以成学。淫慢则不能励精，险躁则不能冶性。年与时驰，意与日去，遂成枯落，多不接世，悲守穷庐，将复何及！

译文：君子的行为操守，从宁静来提高自身的修养，以节俭来培养自己的品德。如果不清心寡欲，怎么能让自己意志坚定地走下去；不能静心，怎么能够实现自己的远大理想。学习知识时一定要让自己静下心来，人的才能都是通过学习获得的，如果不肯在学习中下功夫，就不能提升自己的才干，没有坚定的意志，也一定不能完成学业。消极怠慢的态度不能让人向前，急躁冒险则不能陶冶情操。随着时间的流逝，意志会逐渐消磨，如同落叶般掉落。这样的人不能为社会做出贡献，只能守着贫困的居舍。到了那个时候，连后悔都来不及了！

诸葛亮希望儿子能够修身养性，保持良好作风，求学好进，成为有用之人。诸葛亮的儿子没有辜负父亲的期望，长大后，他担任了军政重任。在263年魏军攻打蜀国时，诸葛瞻率兵迎敌。

在双方激战的过程中，魏军派使者送来劝降信，信中说道：“只要你投降，我让你做琅琊王。”诸葛瞻看了信十分生气，他将使者斩首，表示要战斗到底的决心。不幸的是，他在这场战争中阵亡了，时年37岁。国难当前，他大义凛然，真正做到了以身殉国。他之所以有这种精神，正是受父亲诸葛亮的影响。

很多古代家训都凝结了作者毕生的生活体验、思想精华，不仅令他们的子孙受益，世人品读之后也会有所收获。诸葛亮写给儿子的《诫子书》是一篇充满智慧的家训，是古代家训中的名篇。诸葛亮在《诫子书》中教育儿子，希望他能勤奋好学，在淡泊、宁静上下功夫，阐述了修身养性、治学做人道理。

教孩子淡泊名利，做国家忠实的卫士

新中国成立之后，中国出现了很多的先进人物，像焦裕禄、王进喜等，他们有着高度的责任感。在如今的社会中，生活条件越来越好，面对生活中的诱惑，许多人的世界观、人生观都发生了变化，他们不能很好地处理权力、名利、地位等问题，从而走上了堕落、腐败的道路。究其原因，无非是他们唯利是图，为名利所害。孩子是国家的未来，家长要从现在开始教导孩子，让孩子养成淡泊的品性，日后无论面对什么样的诱惑，都能不丧失自我。

诸葛亮在《诫子书》中告诫儿子要树立远大志向，不为眼前名利所迷惑，做每件事都能问心无愧。只有保持这样的心态，才能实现理想。诸葛瞻谨遵父亲的教诲，长大成人后，他立志报国。在战争中，面对敌军给出的诱惑条件，他并没有动容，真正做到了父亲要求的“淡泊”，最后舍身报国。

高尚精神是需要在生活、学习中不断积累、培养的，家长想要让孩子提升思想道德品质，就要让孩子加强理论学习，提高孩子的文化修养。孩子掌握的理论和科学文化知识增多了，精神境界就会变得更开阔。在当下，相比社会主义现代化建设，个人的名利得失是微不足道的。家长要谨记这一点，相信孩子会朝着既定目标稳步前行。

淡泊名利，才能让自己远离烦恼

曾听过这样一个故事，有人来到一座寺庙里，他看见庙门前的河中船只往来频繁，便询问寺庙中的老和尚道："你在这里住了很久，你可知道这条河中，有多少船只？"老和尚说道："我看到的只有两条，分别是'名''利'两条。"人生在世，无论是贫穷还是富有，都会和名利打交道。现在有不少人很看重名利，但凡卷入名利中的人，都会为名利所困，心中不能平静，每日生活在不安、焦躁中。

随着孩子的长大，他们也将会遇到名利问题，如班干部的推选等。如果孩子从小就将心思放到了名利方面，这对孩子的成长是百害而无一利的。那么，怎样才能让孩子远离名利纷争，内心平静地健康成长呢？

家长应教育孩子要在心中树立远大的志向。心中没有远大目标的人，很容易为名利所困。家长心中要明白这样一个道理，名利并不是人生最重要的目标。想要真正让孩子做到淡泊名利，就要让孩子控制自己的物欲，达到"人到无求品自高"的境界。

保持冷静之心，深谋远虑做大事

古往今来，很多成功人士，都怀有远大抱负。然而人们在前行的道路中，并非一帆风顺。明智的人能够正视现实，沉着冷静地应对生活中所发生的一切，他们不会逞"匹夫之勇"，而能够冷静思考，以敏锐的目光洞察事物的本质，谨慎做事。

诸葛瞻在被劝降的时候，没有被眼前利益所诱惑，也没有胆怯。他能够冷静思考，在第一时间内做出正确的抉择，杀掉来使，继续斗争。他的所作所为和诸葛亮的教诲有着很大的联系。

在孩子成长的过程中，难免会遇到各种问题。然而欲速则不达，家长要告诉孩子遇事要保持冷静的头脑，细细分析事情的来龙去脉，这样才能做出正确的决定。

孙奇逢：余谓童蒙时，便宜淡世俗浓华之念

余谓童蒙时，便宜淡世俗浓华之念。

——孙奇逢《孝友堂家训》

点评 在孩提的时候，就应教导孩子不要太过奢侈。

孙奇逢，字启泰，号钟元，明末清初理学家。1600年，孙奇逢中举，而后他的父母先后去世，他在家乡守孝六年。在此期间，他努力读书，所学广泛，常和一些学者切磋学问。孙奇逢一生有很多的著作，有“北方孔子”的美誉。

孙奇逢的家训著作主要包括《孝友堂家规》《孝友堂家训》。《孝友堂家规》是他在晚年期间编写的家规，有三个方面的内容，首先是家规十八条，其次是六则历代训子言，最后是家规后言。《孝友堂家训》是孙奇逢后人收集了其训示子孙后辈的言语、文字而编成的，其中包括书信、当面的教诲等。他的家训涉及的方面很广，如教子弟容忍、学

以致用等方面。

在《孝友堂家训》中有这样两段话：

士大夫教诫子弟，是第一要紧事。子弟不成人，富贵适以益其恶；子弟能自立，贫贱益以固其节。从古圣人君子，多非生而富贵之人，但能安贫守分，便是贤人君子一流人；不安贫守分，毕生经营，舍易而图难，究竟富贵不可以求得，徒自丧其生平耳。余谓童蒙时，便宜淡世俗浓华之念，子弟中得一贤人，胜得数贵人也。非贤父兄，乌能享佳子弟之乐乎？……

语立雅等曰：与人相与，须有以我容人之意，不求为人所容。……一言不如意，一事少拂心，即以声色相加，此匹夫而未尝读书者也。韩信受辱胯下，张良纳履桥端，此是英雄人以忍辱济事。……学人当进此一步。

译文：教育子弟，是士大夫家庭中第一要紧的事情。子弟之所以不能成为有教养的人，很大程度是因为其身处显赫地位；子弟如果能依靠自己的能力成就一番事业，身处贫贱只会更坚定他的节操。从古到今的圣人和君子，有很多人并没有出生在优越的环境中，但是他们安于贫困，最终成为了值得学习的贤者；而不安于本分的人，一生都在经营，舍弃了很容易做到的事，而去找复杂的事做，但财富、地位不能强求，他们只能白白浪费了一生。我认为，在童年时期，就应看淡世俗间的奢侈享受。子弟中能出现一个贤者，比出现几个贵人要好很多。如果父亲长兄不够贤明，又怎么能享受子弟成为贤者的乐趣呢？……

告诉立雅等人：和人相处的时候，要有容人之量，并且不强求他人宽容地对待自己。……一句话不合自己的心思，一件事违背自己的心意，脸色立即变得难看，这肯定不是真正读过书的人。韩信可以受胯下之辱，张良在桥下捡过鞋，这都是古代英雄人物能够忍辱负重的表现，他们最终成就一番大事业。……读书人应该在这个方面学习他们。

孙奇逢指出，早期的教育对孩子良好品德的养成影响是巨大的。同时，孙奇逢制定家规、家训的根本是想要将子弟培养成贤人、好人，而非官吏，从“子弟中得一贤人，胜得数贵人也”就可以看出。

从小培养孩子淡泊名利的情操

生活中，经常有些孩子会说出一些“大人话”：我家有名车，我家住着豪宅，等等，这些话题本不属于孩子应谈论的话题。为什么会出现这种现象呢？无非是孩子们所接触的事物对他们影响所致。

孙奇逢在《孝友堂家训》中提到：“余谓童蒙时，便宜淡世俗浓华之念，子弟中得一贤人，胜得数贵人也。”可以看出孙奇逢希望从小就要让孩子远离奢侈心理，做一个道德高尚的人。孙奇逢的家训对于现代家庭教育有很大的借鉴意义。

很多时候，孩子成为一个爱慕虚荣、奢侈的人，跟家长有着直接关系。家长平时的言行举止无意中向孩子传达了虚荣、奢侈心理。孩子小小年纪

就爱慕虚荣，对他们的成长是不利的。家长在平时要注意自己的言行，同时要重视培养孩子淡泊名利的观念，让孩子健康成长。

以淡泊的心态对待名利

人生短暂，一个人如果有过多的欲望，生命将会不堪重负，又怎么能快乐度过一生？在人生道路上，我们要以一种淡泊的情怀看待事物，面对人生路中的挫折、磨难，能够以平静的心态看待。淡泊名利是一种境界，如今社会中淡泊名利的人很少，多数人面对眼前的利益时总是迷失了自我。

淡泊名利的人能够以宁静的心态面对人生，不悔过去，不为现在失意烦恼。淡泊名利的人生是高尚的、令人崇拜的。人的一生中要经历各种关卡，很多人会被名利这一关卡住，我们要做到以平常心对待自己、对待他人，不为名利所动，真正从名利中走出来，不为其所困。

生活中，总是有很多被名利所困的人，一些人为了追名逐利会不择手段。家长要教导孩子应以国家、人民的利益为重，自己的名利在国家、人民的利益面前是不值一提的。同时，家长要让孩子明白名利对人生而言并非必需品，只是一个附属品，把握不好分寸容易让人身陷囹圄。

如何培养孩子淡泊名利的情操

淡泊名利要从立志开始，家长平时要重视对孩子淡泊名利观念的培养。人要有所追求，若心中没有远大的志向，必定会被眼前的事物迷惑，只在乎眼前的利益而忽略了做人的根本。家长要让孩子做到淡泊名利，就要让孩子拥有远大的志向。

此外，家长还要控制好孩子的物欲。现在的孩子喜欢和他人攀比，看到同学们拿着品牌手机时，会让家长也给他买，以满足自己的攀比心理。家长即使能够满足孩子的要求，也不要无原则地纵容他，让他的物欲膨胀。孩子只有从小能经受起各种诱惑的考验，才能始终坚守自己的道德标准和心中的信念，不为名利所困，不计个人得失，为国家贡献自己的一份力量。

名利是无止境的，而人生是短暂的。常言道："知足者常乐。"知足者才能拿得起放得下，心境变得开阔。其实名利并没有对错，它是自然社会的产物，错在对名利过分追求的人们，他们忘记了人生的真谛。一个人只有养成淡泊的心态，才能从容应对生活，让自己活得轻松、快乐。家长要谨记这个道理，让孩子活出不一样的人生。

第七章　知礼明理，通晓大义

“不学《礼》，无以立”“不可恃父兄显贵而仗势欺人”……这些朗朗上口的家训，无不说明了做人应知礼仪、明事理。当代家长过分宠爱孩子，这让孩子们心中没有知礼仪、明事理的概念，他们只知道跟着自己的想法走。这样的孩子走进社会终会吃亏。因此，家长应从现在开始，树立良好家风，培养孩子成为一个知礼仪、明事理的人。

孔子：不学《礼》，无以立

不学《礼》，无以立。

——《论语》

点评 一个人要想在社会中立足，就应从学习礼仪开始。

孔子，春秋末期的思想家、政治家，儒家学派的创始人。他的学说在中国古代占据统治地位，是中国文化的主流，有着深远影响。提到孔子的家教，人们常常会想到他教育儿子孔鲤的事例。

孔子的儿子出生时，鲁昭公赐给了他一条大鲤鱼。孔子感到很荣幸，于是给儿子取名为孔鲤，字伯鱼。孔子只有这一个儿子，但孔子并没有溺爱他，而是从小监督他学习，希望他能成为知书达理、懂礼仪的人。

孔子常在自家的院子中教导孔鲤，从《论语》中提到的孔鲤趋庭的事例可以看出他的教子理念。

鲤趋而过庭，曰："学《诗》乎？"对曰："未也。"曰："不学《诗》，无以言。"鲤退而学《诗》。

他日，又独立。鲤趋而过庭。曰："学《礼》乎？"

对曰："未也。""不学《礼》，无以立。"鲤退而学《礼》。

译文：孔鲤低着头恭敬快步从庭院经过，孔子叫住他问道："你学《诗经》了吗？"孔鲤回答道："没有。"孔子告诉他说："不学《诗经》，就没办法和别人交谈。"孔鲤听后，就回屋去学习《诗经》了。

又有一天，孔子在庭院中思考问题。看到孔鲤恭敬地走过，孔子叫住他，问道："你学《礼记》了吗？"孔鲤回道："没有。"孔子对孔鲤说道："不学《礼记》，就不能安身立命。"孔鲤听后，就回屋去学习《礼记》了。

孔子认为："《书》云：'孝乎惟孝，友于兄弟，施于有政。'是亦为政。"孔子强调孝是家庭教育的根本，只有知孝悌才能顺从，他认为"孝"是"礼"的根本。孔子的家庭教育理念，适用于不同阶层的家庭。

为什么孔子要让儿子学《诗经》

《诗经》是文化传承的载体，从某种意义上讲，文化是需要人们不断传承的。此外，《诗经》还是当时贵族子弟学习知识的教材。在孔子生活的年代，是否熟练掌握《诗经》，是衡量一个人地位、身份高低的标准。此外，当时贵族参与政治、外交活动常常引诗或赋诗来表达自己的意思，不懂《诗经》就无法参与到政治生活中去，为国效力也只是空谈。正是鉴于《诗经》的这些作用，孔子才让自己的儿子学习《诗经》，提高他的修养，希望将其培养成"君子"。孔子的这种教育思想，对今天家庭教育有一定的借鉴意义。

《诗经》中蕴含着先人智慧的结晶，家长平时可以引导孩子一起去阅读，从中接受国学精华的洗礼。

得“礼”走遍天下，失“礼”寸步难行

礼仪是人类进步的标志，不懂礼仪的人很难在社会中立足。礼仪是需要通过学习才能形成的行为习惯，随着现代人的社会交往越来越复杂，更多人意识到礼仪的重要性。对家庭教育而言，家长应该意识到礼仪的重要性，在生活中注重对孩子进行礼仪教育，规范孩子的言行举止、帮助孩子树立良好形象，这对他们的健康成长有很大的帮助。

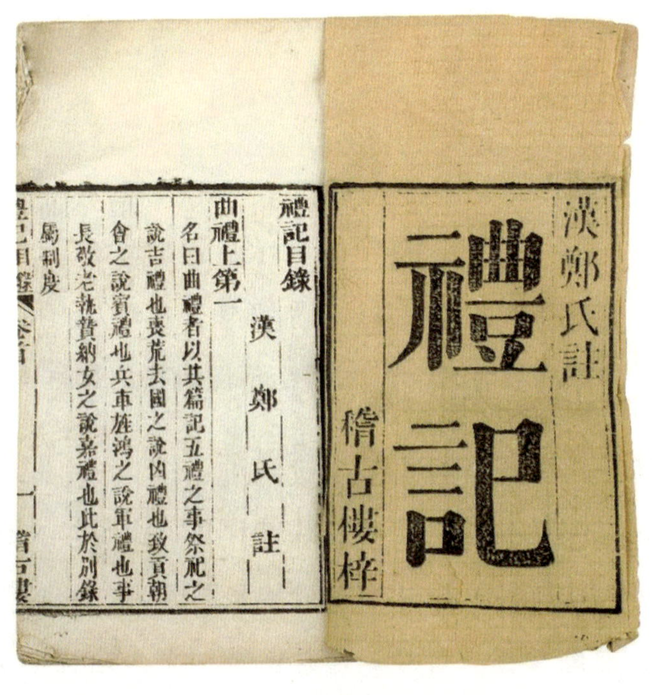
漢鄭氏註
禮記
稽古樓梓

禮記目錄　漢　鄭　氏　註
曲禮上第一
名曰曲禮者以其篇記五禮之事祭祀之
說吉禮也喪荒去國之說凶禮也致貢朝
會之說賓禮也兵車旌鴻之說軍禮也事
長敬老執贄納女之說嘉禮也此於別錄
屬制度

在古代，知礼、讲礼是一个人的身份标识，是士人和平民间的不同之处。那时，如能做到对礼心中有数，便能一路畅通。孔子认为：“安上治民，莫善于礼。”他深知礼节的重要性，要求儿子一定要学习礼，不然治家难，治国更难。其实，并非孔子一个人持有“不学《礼》，无以立”的想法，当时鲁国有个大夫叫孟僖子，临终前，他对儿子说道：“礼，人之干也，无礼，无以立。”因此，孟僖子遗命让儿子去孔子那里学习礼。

回头看看我们周边的人，很多人在人际交往方面受挫，虽然这是很多原因造成的，但归根结底是人们不懂得人际交往的礼仪。当你尝试改变，学会以礼待人，你会发现，你会活得如鱼得水，轻松自如。

从孔子教育孔鲤折射现在家庭的教育问题

现在，最令家长头疼的一件事就是子女的教育问题。为什么孩子总是不听话？通过学习孔子教子的故事，不难看出孔子教子和现代家庭教育是有很大的区别的。

首先是教育场合的不同。孔子教子是在背后教，他是在没人的时候教育儿子。而现代许多家长总是喜欢在人前数落孩子，而且人越多，批评得越起劲。家长的这种做法，会令孩子厌恶。

其次是教育方式不同。孔子批评儿子，主要针对其行为。当他询问儿子是否学习《诗经》《礼记》的时候，儿子回答没有，他提出严厉的指责，说不学《诗经》，就不会表达，不学《礼记》，就不能在社会中立足。孔子对孔鲤的这番教育，会让孔鲤觉得自己要在社会中安身立命，就要学习《诗经》《礼记》。这种教育方式，不仅没有打击孩子的自信心，反而将"要我学"转变为"我要学"。现在的许多家长却恰恰相反，他们喜欢对孩子进行人身攻击，总是强调"你怎么怎么……"家长这样的做法实不可取，批评孩子，应指出其行为的危害，而并非一味指责他们本身。同时，说话是一门艺术，如何表达才能让孩子更容易接受，这需要家长在平时的家庭教育中多加注意，反复研究、揣摩。

最后是教育目的不同。孔子教子的目的是为了让儿子明白做人的道理，做一个对社会有用的人；而现在的家长，更多的是要求孩子取得优异的学习成绩。家庭教育不仅是让孩子学习文化知识，更重要的是要让他们学会做人。学校教育是为了让孩子接受文化教育，而家庭教育并非学校教育，更应让孩子做一些做人的“题”。孔子在家庭教育中更注重孩子做人方面，这一点是值得我们现代家长反思、学习的地方。做人的基本能力就是会言、能立，作为家长要教孩子说好话、做好事。

范仲淹：礼义勿疏狂，逊让敦睦邻

礼义勿疏狂，逊让敦睦邻。

——范仲淹《家训百字铭》

点评 不要轻视礼仪，谦逊才能让邻里和睦。

范仲淹一生生活俭朴，尽管他对自己节俭，但是从不吝啬。他慷慨助人，曾经用自己的俸禄买了千亩田地供养家族中的穷亲戚。他在苏州做官时，在南园购置了一块地，想要在上面建筑房屋。一日，一个风水先生说范仲淹购置的地皮是一块风水宝地，如果在上面建房，子孙后代能出很多的公卿。范仲淹听到之后，说：“与其让我一家变富贵，不如让出地皮盖学校，使更多的人受教育，这样产生的公卿将会更多。”于是，范仲淹将那块地皮捐给了政府，让政府在那块地皮上建学校，让更多的人受教育。范仲淹的这种高尚品德，影响了家族的很多后辈儿孙。

一次，他的儿子范纯仁受父亲之命，到苏州购买一船麦子。范纯仁购买好麦子返程，在丹阳码头停歇之时，遇到了自己的朋友石曼卿。范纯仁得知石曼卿没有能力安葬亲人，就果断将所购麦子全部赠予他，希望他将麦子变卖成财物，将亲人及时下葬。范纯仁空着手回到家中，将自己所遇之事告诉了父亲。父亲不仅没有责骂他，反而表扬了他。正是在父亲的教诲下，范纯仁成为了一个德才兼备的人。他为官之后，用自己大部分的财物购置了义田、义庄，用来救济贫困之人。范仲淹一家三代都秉承了先忧后乐、乐于助人的美德，为人赞赏。

范仲淹在《家训百字铭》中曾教导儿孙后辈道：

孝道当竭力，忠勇表丹诚。兄弟互相助，慈悲无边境。勤读圣贤书，尊师如重亲。礼义勿疏狂，逊让敦睦邻。

敬长与怀幼，怜恤孤寡贫。谦恭尚廉洁，绝戒骄傲情。字纸莫乱废，须报五谷恩。作事循天理，博爱惜生灵。处世行八德，修身率祖神。儿孙坚心守，成家种善根。

译文：尽孝就是竭尽全力去善待父母，用忠诚勇敢的行为表示自己的赤诚之心。兄弟之间要互帮互助，慈悲之心并没有界限。多读一些圣贤书，尊敬老师就如同尊敬父母一般。要遵守礼仪，不要轻狂，要谦逊忍让才能让邻里和睦相处。

尊重长辈，关心幼儿，体恤孤寡贫苦者。谦虚才能洁身自好，戒除骄傲自满。写字的纸条不能随意丢弃，要感恩自然对人的恩惠。做事情要遵循自然规律，怜爱自然生灵。为人处世要遵循八德，修养身心做出表率，子孙后代才能坚定不移地守护这样的好品行，在成家立业后将这种好品行传递下去。

我们从范仲淹的为人处世和他的家书中，可以看出他很注重对孩子进行品德教育，他希望子女能识大体，以礼待人，宽容待人。范仲淹教子家训，不仅影响着他的子孙后代，对当时教子甚至是如今我们教子都有重要的借鉴意义。

家长要重视孩子的礼仪教育

我国素有“礼仪之邦”之称，孔子曾说：“不学《礼》，无以立。”礼仪对于道德素质人才的培养有很重要的意义。而不容忽视的问题是，当代孩子缺乏最基本的礼仪教育，部分家长一味重视孩子的文化教育，忽视了对孩子的礼仪教育。

孩子的礼仪教育应被各位家长所重视，家长应建立良好的家风，提高家庭教育的质量，帮助孩子健康成长。家长的言行对子女起着榜样作用，家长应当发扬平等民主作风，做到和孩子平等相处。在孩子成长过程中，家长应从日常生活中的礼仪规范抓起，让孩子从小事做起，为孩子提供一个礼仪实践的平台。

孩子道德品质多是从家长身上学到的，家长要加强自我礼仪修养，给孩子树立良好榜样，营造良好的家庭礼仪氛围。相信在这样的环境中，孩子将会更健康地成长。

教孩子小事常礼让，好习惯自然养成

礼让这种美德并非与生俱来，家长要想让孩子拥有礼让美德，就要在平时不断引导、熏陶。对于有车一族来说，最烦心的是开车时被堵在路上，他们希望路能更宽一点。现代人的生活节奏很快，很多时候都处于“着急”的状态。而正是因为这种“急”，会让他们不由自主地向前挤，试想如果每个人都能保持谦让，相信路虽然不加宽，却不会拥堵。

家长教育孩子要养成礼让美德的时候，要让孩子从日常生活中的小事做起，如上、下学不能抢着过马路；对待同学要宽容；当自己和他人利益发生冲突时，第一时间想到的是别人而不是自己；等等。如果孩子能在日常生活中做到这些，相信礼让意识会在孩子心中生根萌芽，假以时日，孩子自然而然就会养成礼让的好习惯。如果每个家庭都能这样教育子女，那么国家将会更加团结、富强。

教孩子要常为他人着想

在生活中，我们常会遇到一些矛盾。在面对这些矛盾时，有些人会从自己的利益出发，对别人置之不理，使矛盾得不到有效解决。反之，如果每个人能为他人着想，从他人角度出发，相信任何事情都能找到更好的解决办法。其实，为他人着想是一种修养，更是一种智慧。

范仲淹是一个对己俭朴、对人大度的人。在他的教导下，他的儿子也养成了这样的好品德。正如上面提到的，范纯仁买了一船麦子，在回家途中，他看到石曼卿需要帮助，便果断地将买的粮食给了他。他身上这种为他人着想的好品德，跟范仲淹的教诲有着很大的关系。

常言道："送人玫瑰，手有余香。"为他人着想，体现在生活的点滴当中。家长要教导孩子，平日里应尽自己所能帮助他人。在关键时刻，伸出援手帮助他人，是每个人的责任。家长要让孩子心中树立乐于助人的思想，学会把自己的爱心传递给别人。

李鸿章：不可恃父兄显贵而仗势欺人

吾儿不可因恃父兄显贵而仗势欺人。

——李鸿章《谕文儿》

点评 不能依仗势力，去欺负别人。

李鸿章，字渐甫，号少荃，在家中排行老二。他本名为章桐，后被父亲改名为鸿章，其父希望他长大成人之后，能够大展宏图，文章经国。而从李鸿章的人生经历来看，他的确没有辜负父亲对自己的期望。他在21岁时中举人，在24岁时中进士，成为安徽最年轻的翰林。李鸿章素有“中国近代化之父”的美称。

李鸿章的一生是不平凡的。他的一生中，有很多值得后人学习的地方。李鸿章有兄弟六人，还有两个姐妹。在李鸿章的子孙中出现了很多政治家、外交家，他们为国家做出了不小的贡献。李鸿章的家族中之所以出现这么多的人才，跟他的家风、家教有很大的关系。

《李鸿章家书》共收家书82封，其中有禀父母的，有致弟兄的，当然也有给儿子的，涉及的内容也比较广泛。在《谕文儿》中他曾这样写道：

吾儿少蓄为官之志，颇好。惟行事尚未就于正轨，业师足为吾儿模范，惟友朋辈尚嫌未足耳。师长常具畏惧之心，未敢朝亲夕近。虽有良师教训，难于转移学生性情。友朋等食则同席，出入同阶，惟有爱慕之心，不若师生间之敬惧而难于转移也。今尔友类都大家风气，习俗殊生厌恶，而有志为官者，亦所更忌者也。吾儿不可因恃父兄显贵而仗势欺人，尔知汝祖父穷乏之时，为人所凌暴，敢怒而不敢言。尔当念祖父之被困，而生反感焉。

译文：儿子你从小就树立了做官的志向，这很好。只是行为上还没有进入正轨，你的老师足以做你的榜样，但是你的朋友却尚不足以让你效法。孩子会对老师长辈有恐惧心理，不敢朝夕亲近，即使让好的老师教导，都难以改变学生的秉性。朋友们常一起坐下来吃饭，同从一个阶梯中进出，彼此间只有喜欢爱慕的心理，不像师生之间会因畏惧之情难以改变性情。你的朋友都有一些贵族家庭中的习气，这些习气令人厌恶，如果你立志做官，这一习性更不要沾染。希望儿子你不要依仗着父亲的显贵地位而欺负人，你要知道当初你的祖父在贫困的时候，曾被别人凌辱，他心里很愤怒，嘴里却不敢多说一句话。当你想起祖父当年受到的屈辱，你就会对仗势欺人的事产生厌恶了。

家训是随着家庭的出现而产生的一种教育形式，随着家庭的发展而不断完善。从李鸿章的家训中我们可以看出，他更重视子女品质的培养，他希望子女能明事理，不做令人厌恶的事。李鸿章的家训对我们当今的家庭教育也有一定的借鉴意义。

教孩子要和他人和睦相处

随着孩子长大，他们的交际圈会不断扩大，同学和朋友会渐渐增多。家长要时刻关注孩子，教育孩子，尤其当孩子还很小的时候，家长要及时培养孩子与人和睦相处的能力。

现在家庭中大多只有一个孩子，这些孩子是家长的心肝宝贝，在家中都是娇生惯养，无论孩子做错什么，家长都会宠爱、纵容他们。时间久了，孩子容易形成自私、我行我素的坏习惯，很难和他人和睦相处。

如果家长对于孩子的这些行为不加以制止，孩子将会从正轨走向歧途，当家长发觉后想要纠正孩子的行为时，为时已晚。所以，家长应重视孩子与人和睦的相处能力。家长要让孩子明辨是非，而最好的方式，是让孩子去实践，让他们试着分辨其中的是非，让孩子真正做到明辨是非。

同时，家长不要给孩子灌输“在外不要被别人欺负”的思想，要鼓励孩子能够和别人和睦相处，让孩子学会和他人分享、合作等。家长要教孩子和他人平等交流，不能以自我为中心。

告诉孩子仗势欺人的行为不可取

仗势欺人，就是依仗着权势欺负不如自己的人。李鸿章担心自己的儿子会因家世显赫而欺负别人，所以他在给儿子的家书中，希望儿子能摒弃富贵人家的恶习。他在书信中写道，你的祖父在人生失意时，受人歧视、凌辱，却只能忍气吞声。你想仗势欺人时，想一想你祖父当年的情形吧。以此教育儿子不能成为祖父所讨厌的人。

现在不少孩子生活在富裕的环境中，家长对孩子的欲望不加节制地满足，在这种环境中，孩子难免滋生骄傲心理，会对家境不如自己的孩子做出排斥、讥讽的行为。家长在满足孩子的物质需求的同时，要严格监督孩子心理的健康成长。当孩子出现肆意妄为、仗势欺人等行为时，家长应理性分析问题出现的原因，从根本上将孩子的坏习惯扼杀在萌芽当中。

培养孩子知书达理的品行

知书达理，顾名思义，就是有文化、有教养。对当今的孩子来讲，知书达理尤为重要，知书达理能赢得他人信赖，才能成为一个对国家、对社会有用的人。知书达理这种气质并非与生俱来，需要家长平日里的悉心教导。家长要想培养出知书达理的孩子，就要从现在开始，从生活中的小事入手。

家长要教孩子懂得换位思考，和他人相处的时候，能够考虑到他人的需求和想法。同时，有的孩子因为不懂礼貌，所以常会做一些不尊重他人的行为。家长要教给孩子一些礼仪常识，让他们明白如何礼貌地与人相处。在日常生活中，家长要通过孩子喜欢的方式来教导孩子，帮助孩子养成懂礼貌的好习惯。

除此之外，家长还要重视自己对孩子的影响。孩子出生后，很多认知都是从家长身上学习到的。家长要想培养知书达理、有教养的孩子，一定要以身作则，让自己拥有不凡的气质、优雅的谈吐，在日常生活中，为孩子做好榜样。

薛瑄：于伦理明而且尽，始得称为人之名

于伦理明而且尽，始得称为人之名。

——薛瑄《戒子》

点评 只有通晓伦理并能做到的人才可算是一个真正的人。

薛瑄，字德温，号敬轩，明代著名理学家、教育家、文学家，传世之作有《薛瑄文集》《读书录》等。他出生在一个教育世家，受到良好的家风熏陶。他在加强自我修养的同时，也很重视对子女的家庭教育。薛瑄的家教大致包括六个方面：一是要有家国之情，二是节俭治家，三是做一个正直的人，四是宽容待人，五是以忠孝为本，六是明事理。

就明事理而言，在薛瑄写的《戒子》中，很好地阐述了这个观点：

人之所以异于禽兽者，伦理而已。何谓伦？父子、君臣、夫妇、长幼、朋友五者之伦序是也。何谓理？即父子有亲、君臣有义、夫妇有别、长幼有序、朋友有信五者之天理是也。于伦理明而且尽，始得称为人之名。苟伦理一失，虽具人之形，其实与禽兽何异哉！……

汝曹既得天地之理气凝合，祖父之一气流传，生而为人矣，其可不思所以尽其人道乎？欲尽人道，必当于圣贤修道之教、垂世之典——若小学、若四书、

若六经之类，诵读之，讲贯之，思索之，体认之，反求诸日用人伦之间。圣贤所谓父子当亲，吾则于父子求所以尽其亲；圣贤所谓君臣当义，吾则于君臣求所以尽其义；圣贤所谓夫妇有别，吾则于夫妇思所以有其别；圣贤所谓长幼有序，吾则于长幼思所以有其序；圣贤所谓朋友有信，吾则于朋友思所以有其信。于此五者，无一而不致其精微曲折之详，则日用身心，自不外乎伦理，庶几称其人之名，得免流于禽兽之域矣！

译文：人和禽兽的不同，在于伦理。什么是伦？就是父子、君臣、夫妇、长幼、朋友这五种人伦次序。什么是理？就是父子之间的亲情、君臣之间的道义、夫妇之间的内外有别、长幼之间的尊卑之分、朋友之间的信任。一个人能够明白伦理并做到，才算是真正的人。如果不守伦理，那么此人只是徒有人形，实则与禽兽无异。……

你们既然经过天地的理气凝聚、由祖先的精气一脉相承而生为人，怎么能不实践做人的道理呢？想要尽人道，一定要将圣贤修道留下的教训和他们留给后世的典藏——如小学、如四书、如六经等，诵读、讲习、思考、体认，并且能用在日常生活实践当中。圣贤说父子应当亲爱，我便在父子之间尽量做到亲爱；圣贤说君臣要有礼仪，我就尽量做到君臣之间的礼仪；圣贤说夫妇之间要内外有别，我便尽量做到夫妇之间内外有别；圣贤说长幼应有尊卑之分，我就尽量做到长幼尊卑有序；圣贤说朋友之间要有诚信，我便尽量做到朋友之间相互信任。对于这五个方面，我都尽心做到，于是我的生活、身心没有一处是离开伦理道德的，这样我才可以称之为人，才能避免成为禽兽。

薛瑄教育子弟从小要读圣贤书，能做到明事理、修身养德，这是最基本的家庭教育要求，薛瑄写的《戒子》中也将这个观点展示得淋漓尽致。我们生活在集体中，势必要与人相处，想要和睦相处，就要明事理。薛瑄的这种教育观点很适合现代的家庭教育。

读圣贤书，明白做人的道理

在很多古训中，读书都是被推荐的行为，几乎每个家族的家训中都强调了读书的重要性。那么，让孩子读书的目的是什么呢？一些名儒、名士的家训告诉我们，读书是为了养正气、明事理。而如今的家长忘记了读书的根本，将读书简单地等同于学校的知识教育。

薛瑄在《戒子》中提到：“欲尽人道，必当于圣贤修道之教、垂世之典——若小学、若四书、若六经之类，诵读之，讲贯之，思索之，体认之，反求诸日用人伦之间。”想要让自己明事理，尽人道，就要读圣贤书，从中有所感悟，并运用到实际生活当中。

读书并非为了成为达官显宦，而是从中汲取做人的道理，从容应对生活中的一切事情。如今社会关系复杂，很多人迷失在各种诱惑当中，丧失了人应具备的情感、道德束缚，跟禽兽并没多大区别。想要改变这种风气，家长应教育孩子养正气、明事理，这样才能让社会向积极方面发展。

为人处世应遵守的原则

人虽然组成了社会集体，但每个人所处的环境、条件、文化层次等都不同，这就导致每个人的理想、目标等都不同，每个人都有自己为人处世的标准。为人处世是一门学问，它博大精深，是一个人毕生需要修炼的课程。

人和人之间最基本的东西是真诚，只有付出真心才能收获回报。真诚是立身之本，成功之基。为人处世还要做到低调，以平和的心态看待世间的一切。低调并非懦弱，而是大智若愚的表现。做人不能过于精明，而要让自己保持冷静的头脑，以实现心中的大志。营造良好的人际关系，还要做到谦逊，这是古人衡量一个人道德修养的标准之一。

总之，要想做事，首先要做人。古语有云：“论人，当节取其长，体谅其短；做事，须先审其害，后计其利。”做人难，难做人。家长要深刻理解这个道理，将此付诸实践，让孩子能从实践中明白如何为人处世，如何做一个真正的人。

只有明事理，才能算是一个真正的人

人之所以区别于动物，最根本的原因在于人有头脑。这里的头脑并非是耍一些小聪明，而是无论做任何事情，都能遵从基本的礼仪道德，这样的人才算是真正的人。

薛瑄在《戒子》中提到："于伦理明而且尽，始得称为人之名，苟伦理一失，虽具人之形，其实与禽兽何异哉！"他的教子观点就是，做人先明事理，才能算是一个人，如果不明事理，只能说长着人形，并非是一个真正的人。

现在不少孩子被家长骄纵惯了，导致他们以自我为中心，任性，不能明辨是非，遇事只会无理取闹。家长要教导孩子一些基本的做人、做事标准，如和父母相处要相亲相爱，和朋友相处要做到诚信，等等。只有从生活中的小事入手，逐渐纠正孩子身上的坏毛病，才能让孩子知道怎样做才算是一个真正的人。

第八章　吃苦耐劳，兴起善心

吃苦耐劳是古人非常重视的道德品质，古人认为一个能吃苦耐劳的人，在劳动过程中能培养善心，爱劳动的人能远离犯罪。然而，如今不少孩子身上已很难找到这一品质了，这同家庭教育有很大的关系。敬姜认为，无论什么样的人家，都应该勤苦劳作，并从劳作中培养自己的善心；张之洞也要求儿子不要因生于富贵之家而不从事劳作；霍韬的家训就是让孩子从小进行农耕，培养吃苦耐劳的品质。古人的这些家训，无不为现代家庭教育敲响警钟，培养孩子吃苦耐劳的品质刻不容缓。

敬姜：民劳则思，思则善心生

民劳则思，思则善心生。

——敬姜《论劳逸》

点评 百姓劳作才能思考，思考后才能找到改善生活的好方法。

敬姜，齐侯之女，鲁国大夫公父文伯的母亲。敬姜的《论劳逸》是春秋战国时期家训的代表作品。敬姜认为，上至天子，下至百姓，都应劳动，这才是治国安邦的根本。《论劳逸》中有这样一段话：

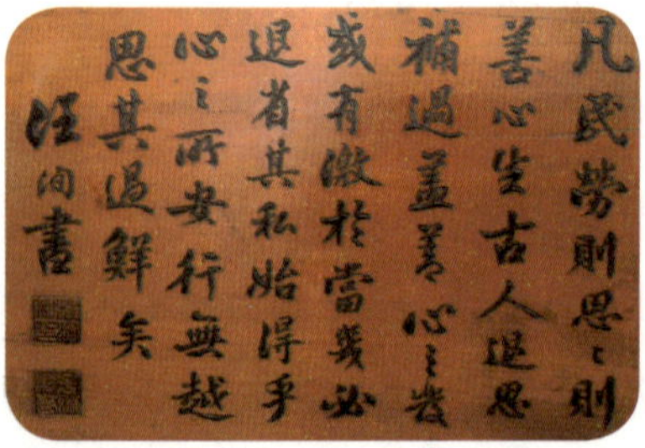

公父文伯退朝，朝其母，其母方绩。文伯曰："以歜之家而主犹绩，惧干季孙之怒也。其以歜为不能事主乎！"其母叹曰："鲁其亡乎？使童子备官而未之闻耶？居，吾语女。昔圣王之处民也，择瘠土而处之，劳其民而用之，故长王天下。夫民劳则思，思则善心生；逸则淫，淫则忘善，忘善则恶心生。沃土之民不材，淫也。瘠土之民莫不向义，劳也。"

译文：公父文伯上朝回来，看到母亲在纺线。他对母亲说道："像我们这样的家庭，您还纺线，季孙看到后会很生气，以为我不能侍奉您终老！"母亲听罢，长叹一声说道："鲁国要灭亡了吗？怎么会让你执掌政务呢！你坐下，听我跟你说。古代的君王给人民安置住所，常会选择一些贫瘠的地方，这样百姓才能尽自己的才能，国家才能长治久安。百姓只有劳作的时候才会思考，找到改善生活的方法。安逸的生活会让百姓沉迷享乐，忘记美好的品行，容易产生邪恶的念头。生活在肥沃土地的百姓不容易成材，正是因为他们惯于享受安逸。生活在贫瘠土地的百姓们，没有不守道义的，正是因为他们勤劳。”

敬姜如此教导儿子，无非想要告诉他，在做好自己本职工作的同时，要勤俭节约，不贪图享乐。她认为，贪图享乐的人，心中容易滋生贪欲，最终会祸害自己。公父文伯听完母亲对自己的教诲后，向母亲保证，自己一定会谨遵教诲，努力上进，为国效力。

敬姜对她儿子的教诲，令人醍醐灌顶。不可否认的是，随着生活水平的提高，孩子们多生活在优越的物质环境中，他们对劳动的意识越来越淡薄。再加上家长对孩子的溺爱，导致越来越多的孩子丧失了劳动能力，甚至连那些自己力所能及的事都做不好。比如有的孩子上学后，还要家长帮忙穿衣服、喂饭。家长们应该学习敬姜的劳动教育，让孩子自立、自强。

劳动也是一种教育方式

劳动不仅能培养一个人的品行，劳动的背后还能折射出人的思考方式。相信不少家长会发现，那些没有做过家务的孩子，连扫地都不会。其实扫地也是讲究清扫顺序的，没有做过家务的孩子并没有这个意识，他们只是想着哪里有垃圾就打扫哪里。孩子从小形成这样的思维模式，成长的道路中难免遭遇种种挫折。

敬姜在《论劳逸》中提到：“夫民劳则思，思则善心生。”敬姜认为人在劳动时会思考，思考如何才能让自己过上好日子。她认为，人生就应该劳动，无论处于哪种地位的人，都应该劳动。在劳动中，人能不断检讨自己，完善自己。

如今，劳动变成了孩子最令人担忧的能力。有些家庭请了保姆，导致孩子从不会做家务，甚至认为家务劳动是保姆们的工作。这样的想法对他们的成长是不利的。所以，家长想要让孩子重新认识劳动，首先要改变孩子对劳动的错误认识，要让他明白劳动的价值。同时，当劳动中出现问题时，家长应引导孩子不断思考，运用所学的知识来帮助解决问题，让孩子在劳动中变得更加有智慧。所以说劳动也是一种教育方式，它教给了孩子书本中学不到的东西。

忽视劳动教育带来的不良后果

近几年来，我国青少年在劳动中的表现，实在是令人担忧。不可否认的是，现代青少年的劳动意识淡薄，劳动能力差。甚至有些大学生在入学前根本没有自己动手洗过衣服。中学生中自己从来没有洗过衣服的孩子占绝大部分，对于做饭等劳动更是不敢尝试。而在小学生中，有很多孩子会让家长帮忙整理书包、洗脚、穿衣服等。

劳动是人类赖以生存的根本，是中华民族最优良的品质，但是很多孩子却不具备这一基本技能。很多孩子纵然已经成人，但是生活仍然不能自理。

不经常劳动的孩子，也很难珍惜他人的劳动成果，他们不知道幸福生活是通过勤劳的双手努力奋斗出来的。正是对劳动的无知，才会令孩子花钱大手大脚，出现严重浪费的现象。

注意培养孩子的劳动能力

家务劳动是一个家庭正常运转所不可缺少的，家长要让孩子心中有劳动意识，让他明白作为家庭的一份子，劳动是他的义务和责任。只有这样，孩子才会心甘情愿去做自己力所能及的事情，如扫地、洗菜等。

想要让孩子真正喜欢上劳动，家长就要培养孩子的劳动兴趣。平时，家长要树立劳动榜样，在劳动时不要埋怨，适当放一些音乐，营造良好的劳动氛围。要知道，培养孩子的劳动习惯并非朝夕之间的事情，应有目的、有计划地进行，正确看待孩子年龄、个体的差异，因材施教。

让孩子做力所能及的事情，是让孩子全面发展的重要手段，也是孩子人生中的必修科目。

张之洞：勿惮劳，勿恃贵

勿惮劳，勿恃贵。

——张之洞《致儿子书》

点评 不要害怕辛苦，不要自恃富贵。

张之洞，字孝达，号香涛，清代直隶南皮人，洋务派代表人之一。他提出的“中学为体，西学为用”的口号，推动了中国民族工业的发展。他于1884年任两广总督，是中法战争中的主战派，重用了老将冯子材，收复了镇南关。他在大办洋务的同时，设立了水师学堂、陆军学堂等专门学校，为中国代现教育的形成打下了基础。随后任职湖广总督，在1894年调两江总督，他是甲午战争中的主战派，反对《马关条约》的签订。

张之洞的先祖张维曾在明朝担任河南按察使，张之洞往上推四代全部为官，都以清廉出名。张之洞也秉承着这样的家风，非常重视对子女的教育问题。在教育子女时，他将修身、齐家、报国作为主要内容，他在给儿子写的书信中也反映了这样的观点，如《续辈诗》。张之洞对子女的管教甚是严格，在弥留之际，他教育儿子，不能争家产，要立志报国，勤学立品，远离小人。他要求儿子一定要谨记自己的遗言，听到儿子说一定将遗言铭记在心后，才安然离去。

张之洞的很多家书在近代广为流传，对社会有着深远影响，如《致儿子书》。他想要将儿子培养成才，捍卫国家，将儿子送到了日本学军事，常训诫他要用功、节俭，并给他写了《致儿子书》：

余少年登科，自负清流，而汝若此，真令余愤愧欲死。然世事多艰，习武亦佳，因送汝东渡，入日本士官学校肄业，不与汝之性情相违。汝今既入此，应努力上进，尽得其奥。勿惮劳，勿恃贵，勇猛刚毅，务必养成一军人资格。汝之前途，正亦未有限量，国家正在用武之秋，汝只患不能自立，勿患人之己知。志之，志之，勿忘，勿忘。

抑余又有诫汝者：汝随余在两湖，固总督大人之贵介子也，无人不恭待汝。今则去国万里矣，汝平日所挟以傲人者，将不复可挟，万一不幸肇祸，反足贻堂上以忧。汝此后当自视为贫民，为贱卒，苦身戮力，以从事于所学，不特得学问上之益，且可借是磨练身心，即后日得余之庇，毕业而后，得一官一职，亦可深知在下者之苦，而不致予智自雄。

译文：我在年少的时候，考取功名，对自己是清流很自负，如果你也一样，那我就要惭愧死了。现在世事艰难，学习军事也很好，送你到日本士官学校去读书，这并没有违背你的性格。你既然学习了军事，就应努力上进，学得其精髓。不要怕苦，不要自恃富贵，应该刚毅勇猛，成为一名合格的军人。你的前途是无限量的，国家正在用兵之际，你只需要担心自己能否成才，不用担心别人是否知道你。切记。

我还想要告诫你，你随我在两湖地区时，没有人不恭敬地侍奉你这个贵公子。今天离开了国家，到了万里之外的日本，你平时骄傲的资本没有了。万一你在外面闯祸了，会令我们担忧。你从今以后要视自己为寻常百姓，在学习中要投入更多的精力，学习进步的同时，还能修炼身心。这样等你毕业之后，受我的庇护谋得一官半职，也能知道百姓疾苦，不至于狂妄自大。

从张之洞给儿子的家书中，我们可以看出，他希望儿子在万里之外的日本刻苦学习，忘记自己在国内的身份，能放下身段，不怕劳苦。他的教育理念，对现代的家庭教育有很大的启发。

教孩子要不怕吃苦

孟子认为吃苦是成才的基础，他告诫人们："天将降大任于斯人也，必先苦其心志，劳其筋骨，饿其体肤，空乏其身，行拂乱其所为。"很多古代名人教育子女不要怕吃苦，将吃苦作为教育后代修身明德的必修课。

随着物质生活条件的改善，许多家长对吃苦教育的认识并不深刻，他们对孩子过度宠爱、保护，导致很多孩子成为弱不禁风的"温室之花"，孩子的吃苦教育是缺失的。

当然，让孩子吃苦，并非虐待孩子。家长应先估量好孩子的吃苦能力，再让孩子量力而行。家长对孩子的吃苦教育不能违背孩子的意愿，家长应身体力行，让孩子认同吃苦教育，才能让孩子愿意吃苦。不怕吃苦的孩子处于困境时更容易激起斗志和上进心。

别让孩子养成奢侈的生活习惯

一个浙江富商家庭的孩子一入大学就询问高尔夫球场在哪儿，他对大学的集体宿舍很不满意，声称不想和穷孩子生活在一起；某大学新生在"开学清单"中列出自己的新配备，她准备买iPhone手机、iPad，希望家长能够早给自己寄来生活费，好再买一些好的化妆品和漂亮的衣服……现在的家长都舍得为孩子消费，只要是孩子期望的，都会尽力去实现，但是这样的教育方式真的好吗？

张之洞在给儿子写的家书中提到："今则去国万里矣，汝平日所挟以傲人者，将不复可挟，万一不幸肇祸，反足贻堂上以忧。"他深知富贵家庭中的孩子，从小过着奢侈的生活，身上有着很多坏毛病。他希望儿子能够在离家万里之外的日本，忘记自己先前优越的生活，把自己当作普通百姓。可以看出，张之洞希望儿子能通过这次在外学习，纠正之前在家养成的奢侈习性，体会底层人们的辛酸，明白人间的疾苦。

家长要改变自己的错误思想，不要认为给予孩子最贵的东西就是对孩子的爱，其实这种爱是畸形的。奢侈的生活只会让孩子变得更现实，常言道，父母是原件，家庭是一台打印机，孩子就是那复印件。其实给孩子的东西，应该是最合适的而不是最贵的。家长在孩子很小的时候，就要教导孩子，想要过上好的生活，就要靠自己努力奋斗，而不应靠父母。只有当自己体验了生活的艰辛，孩子才能改掉奢侈的生活习惯。

培养孩子的吃苦精神

21 世纪是一个充满竞争的时代，社会需要具备良好品质的综合性人才，特别是能吃苦耐劳、自强不息的人才，所以家长要转变自己的思维，给孩子正确的人生引导，让孩子健康成长。如果家长想要让孩子在竞争激烈的现代社会中立足，就应该从现在开始对孩子进行吃苦教育。

培养孩子的吃苦精神需要多渠道进行。家长可以从日常生活入手，教给孩子基本的生活技能，如整理房间、清洗衣物、做饭等，这些技能是孩子生存的基本能力，也是培养孩子吃苦的前提。当孩子去试着做力所能及的事情时，家长切忌伸手去帮助他们，要让他们独立去探索、实践。当孩子完成实践后，家长要及时给予肯定和鼓励，这样孩子才能更加自信，更加乐于去做事。

当然，培养孩子吃苦，要让孩子在心理上独立，让孩子自己去思考问题，形成自己的主见，树立自己的事情自己做的观念。在生活中，家长可以人为设置一些障碍让孩子去处理，还可以多让孩子参加一些社会实践活动，如到农村体验生活等。

霍韬：幼事农业，力涉勤苦

幼事农业，力涉勤苦。

——霍韬《训子读书力田》

点评 孩子从小就应参加劳动。

霍韬，字渭先，号兀崖，广东省南海县石头乡霍族人。他从小勤奋上进，博闻强记。明世宗即位后，霍韬任职方主事，霍韬上书道："内阁大臣的职务主要是参与到机要事务当中，现在却只能草拟文书，军政大事的决判权要让宦官经手，内阁大臣丧失了参与议政的权利，宦官逐渐干涉内政。以后的奏折，陛下应将大臣召集当面决定，这样公开办事，避免宦官参与政事。"他还提到了锦衣卫不应掌管刑法，东厂不应参与朝廷政事等，世宗都采纳了他的意见。1528年4月，明世宗升霍韬为礼部右侍郎，霍韬不想出任，再三推辞，同时举荐康海等人替代自己，怎奈世宗并不允许。多次推辞后，世宗无可奈何，只能同意。同年6月，"大礼"议定，世宗又升他为礼部尚书，主管詹事府的事物。但霍韬上书推让说，翰林院编书升官、日

讲荫子、巡抚子弟荫封为武官不恰当，自己纵然不能补救这些过失，但可以做到不明知故犯。世宗很赞赏他，但是不接受他这次推让。但霍韬坚持不肯就职，最终世宗只能同意。

霍韬有很多著作，如《诗经注解》《程周训释》《渭涯家训》等，其中，《渭涯家训》又包括两部分，分别是《家训前编》《家训续编》，这部书不仅对霍韬的子孙后代影响深刻，对如今家庭教育也有重要的借鉴意义。其中，霍韬对农业劳动的重视，令人钦佩万分。

幼事农业，则习恒敦实，不生邪心。幼事农业，力涉勤苦，能兴起善心，以免于罪戾，故子侄不可不力农作。

凡富家，久则衰倾，由无功而食人之食。夫无功食人之食，是谓厉民自养。凡厉民自养，则有天殃。故久享富佚，则致衰倾，甚则为奴仆，为牛马，是故子侄不可不力农作。

译文：从小参加农业劳动，能培养敦厚朴实的性格，不会产生轻浮邪念。从小参加农业劳动，能够亲身体验劳动的辛苦和不易，从而心生善念，可避免成为性格暴戾的人。所以，子孙后辈一定不能不参加农业劳动。

有钱的人，时间长了终会破败，这是因为他们没有付出劳动，而只会坐享其成。这种坐享其成的人，是通过损害百姓的利益来养活自己的。但凡损害百姓而自养的人，都会受到上天的惩罚。所以，久享富贵的家庭必然会衰败，其家庭成员甚至会沦为奴仆，给别人做牛做马。所以，后辈子侄一定不能不参加农业劳动。

在霍韬的上述家训中，他告诫子侄，一定要参加农业劳动，才能体会到劳动的艰辛，明白粮食的来之不易，养成勤劳、节俭、诚实的好品行。反之，从小不劳动，只会坐享其成，只能害人害己。霍韬教子侄的这种理念，对现代家庭教育有很深远的影响，很值得家长们借鉴。

孩子吃不了苦已成普遍现象

不少家长反映，自己的孩子大学毕业后一年多，总是不停地换工作，嫌这个工作累，嫌那个工作苦。他们说，从孩子出生后，基本没做过家务，孩子的任务就是读书、考大学。但让人没想到的是，孩子在读书方面确实有了不小的成就，但是在社会上的表现却不尽如人意。由此可见，想要在社会中立足，家长就应让孩子学会吃苦。

俗话说，穷人家的孩子早当家。原因在于条件好的家庭家长舍不得孩子吃苦，只想让他们过着无忧无虑的生活。穷人家的孩子因为生活在贫困中，家长给不了孩子想要的生活，只能鼓励他们自己去争取，所以，他们从小就很自立，养成了吃苦耐劳的品质，他们明白生活的艰辛、收获的不易。

现代社会充满竞争，要想让孩子能真正立足社会，就应让孩子接受“劳动教育”。让孩子承担部分家务劳动，培养孩子的劳动能力、吃苦精神。当孩子想要得到某物时，家长要抓住机会进行教育，让孩子明白只有付出才会有回报。

让孩子多参加日常劳动

在封建社会中，很多贫穷人家将读书作为改变命运的重要途径，有为了考取功名而头悬梁、锥刺股的佳话。那个时候，大家对读书的认识是“万般皆下品，唯有读书高”。而农耕在当时被认为是最低贱的劳动，在很多读书人看来，人若可以分为三六九等，那么从事体力劳动的人则是最低等的人。所以，封建家训中很少鼓励子孙务农。但是霍韬的家训却很独特，他不仅教子弟读书、做人，更希望他们下地劳动，并将农业劳动作为家庭教育中的必修内容。

在霍韬看来，孩子从小能够从事农业劳动，在田间感受农民的辛苦，才能知道粮食的来之不易，在劳动中养成良好的品行。如果孩子从小过着不劳而获的生活，家中财富迟早会让子孙败光，他们将沦为人下人。所以，他在家训中不仅指出孩子从小要参加农业劳作，还规定了孩子每日、每年的劳作时间。对于那些想要逃避劳作的子弟，霍韬会对其进行惩罚，轻则责打，重则剥夺他学习的机会。由此可见，霍韬对于劳动的重视程度。霍韬的这种理念对现代家庭教育依旧有很重要的借鉴意义。

如今的孩子是家长的掌上明珠，家长娇惯孩子，不让他们劳动，生怕累了、苦了孩子，而让孩子将全部的时间都放在了各种补习班、特长班上。这样的教育方式，势必让孩子的劳动意识淡薄，弱化了孩子的劳动能力。其实劳动教育有其独特的意义，孩子在劳动中能够让自己和世界亲密接触，用自己身体了解、感受世界。在劳动中，孩子能强健体魄、增强意志力，养成吃苦耐劳的精神。家长应从现在开始，帮助孩子树立劳动意识，让孩子从生活中的小事做起，做自己力所能及的事。

让孩子明白收获是来之不易的

现在很多孩子并不懂得节俭，乱花钱、浪费等现象很常见。时代变了，人们的观念也变了，孩子都想着要穿名牌、高档衣服等。如果家长一味地纵容孩子，容易让孩子养成浪费、攀比、从众等不良习惯，这不利于孩子的成长。

霍韬希望能让孩子明白收获的不易，他不允许家中孩子奢侈浪费，鼓励他们自己创造财富。霍韬知道，俭朴是优良品德，而奢侈是罪恶之源。他想要让孩子明白收获来之不易，让孩子从心底了解这一含义，真正做到勤俭节约。所以他很重视对孩子的劳动教育，要求他们都要参加田间劳作，同时，在平日的生活中要做到勤俭，要懂得爱惜物力。

家长要让孩子明白收获的不易。在周末的时候，家长可以带着孩子到自己工作的地方看看，让孩子感受到家长工作的辛苦，只有这样他们才能明白金钱的来之不易，才能知道自己美好的生活都是源于家长的付出。有这样一位家长，儿子想要买一架钢琴，需要3万元钱，妈妈到银行将3万元全部换成了10元一张的零钱，并将一大袋子的钱带回了家，孩子看到这么多的钱，十分惊讶，理解了一架钢琴的价值。后来妈妈用这些钱给他买来了钢琴，他很爱护这架钢琴，非常认真地学习。所以，家长一定要让孩子对“幸福生活来之不易”这句话有切身的体会。